科研组织管理数字化转型研究

杨 晶◎著

·北京·

图书在版编目（CIP）数据

科研组织管理数字化转型研究 / 杨晶著. —北京：科学技术文献出版社，2023.10
　ISBN 978-7-5235-0376-8

　Ⅰ.①科… Ⅱ.①杨… Ⅲ.①科学研究组织机构—组织管理—研究—中国 Ⅳ.① G322.2

中国国家版本馆 CIP 数据核字（2023）第 110391 号

科研组织管理数字化转型研究

策划编辑：胡　群　　责任编辑：胡　群　　责任校对：张吲哚　　责任出版：张志平

出　版　者	科学技术文献出版社	
地　　　址	北京市复兴路15号　邮编　100038	
编　务　部	（010）58882938，58882087（传真）	
发　行　部	（010）58882868，58882870（传真）	
邮　购　部	（010）58882873	
官 方 网 址	www.stdp.com.cn	
发　行　者	科学技术文献出版社发行　全国各地新华书店经销	
印　刷　者	北京厚诚则铭印刷科技有限公司	
版　　　次	2023 年 10 月第 1 版　2023 年 10 月第 1 次印刷	
开　　　本	710×1000　1/16	
字　　　数	142千	
印　　　张	10.25　彩插4面	
书　　　号	ISBN 978-7-5235-0376-8	
定　　　价	46.00元	

版权所有　违法必究

购买本社图书，凡字迹不清、缺页、倒页、脱页者，本社发行部负责调换

序
努力塑造数字化转型新优势

习近平总书记指出,"数字技术、数字经济是世界科技革命和产业变革的先机,是新一轮国际竞争重点领域,我们一定要抓住先机、抢占未来发展制高点"。当前放眼全球,互联网、大数据、云计算、人工智能等数字技术加速创新,日益成为改变世界竞争格局的重要力量,数字化转型也成为数字经济时代政府及产业界关注的重大课题。

转型是一个主动求新求变的过程,是创新的过程。从数字经济、数字化发展的进程来看,数字化转型是数字化发展的重要新阶段,是应用不断创新的数字技术和持续增长的数据资源改变经济、政府和社会的过程。数字化转型的前身是信息技术软硬件的萌芽和发展,在过去一百多年中,信息技术经历了四代演进过程。以电报、电话为代表的第一代信息技术对促进企业组织形态转变发挥了关键作用,催生了以规模经济和范围经济为基本特征的众多大型企业;以集成电路、计算机为代表的第二代信息技术的出现和普及,极大提高了部门和个人信息处理能力,驱动企业由科层制模式向事业部模式转变;以互联网技术、Web2.0技术为代表的第三代信息技术开拓了新一代数字化产业形态;目前人类正在进入以云计算、大数据、人工智能为代表的第四代信息技术历史进程中,这些信息技术正推动科研范式发生深刻变革。如何在科研组织管理方面适应数字化转型趋势,促进我国科研范式变革,加快科学发现和重大科技问题的突破,对我国科技创新发展具有重要意义。

从数字化转型要素来看,数据作为一种非典型资源成为创新活动的核心投入要素,数据收集、加工和共治共享所产生的价值前所未有。随着科学研

科研组织管理数字化转型研究

究步入以"数据密集型""人工智能+大数据"为代表的第四范式,数据成为解决复杂科学问题的关键要素。与科技创新相关的主要数据包括个人数据、商业数据,以及政府和公共研究数据。获得更多数据不仅意味着研究者可以取得新的科学突破,减少重复研究,使得研究成果的可检验性加强,而且促使企业能够利用商业数据,洞察新品机会,提高研发效率。人工智能帮助人类更好地进行数据分析,改变思维方式,为科学研究尤其是数据密集型科研提供了前所未有的支持。

从数字化转型主体来看,涉及政府和企业。虽然数字技术在政府部门的应用速度还没有完全跟上,但包括科研管理在内的政府数字化转型已是大势所趋。在数字时代,科研管理更加注重依靠数据辅助科学决策,推动科研管理组织构架向平台化和扁平化方向发展,突出"以科研人员为核心"的服务理念,提倡科研仪器和科学数据的开放共享。在快速迭代的数字化转型浪潮中,企业是最先响应这一变革的主体。企业由过去一个个相对封闭的独立组织变成通过各种信息和合作关系联结的网络和生态。不同类型企业抓住数字化机遇的切入点有所不同,既有颠覆未知的颠覆性创新,也有快慢平衡的渐进式创新,但都在选择最适合自己的研发组织模式进行转变。

从数字化转型的协同网络来看,万物互联互通推动科学研究向开放合作发展,组织模式从刚性化向液态化迈进。一方面,"科研全球化"与"数字化"融合交织,新一代信息通信技术、数字平台、信息网络等进一步拓展了合作空间,突破了人与人之间、机构与机构之间的交流合作,呈现错综复杂的网络化合作态势,形成"设施—模式—机制"的联动效应,促进科研全球化协同合作向更加频繁和深广的方向发展。另一方面,"全球连接"功能促使创新资源的流动性和可用性不断提升,科研分工更加专业和深入,传统的刚性组织模式开始向液态模式迈进。无论是学科边界还是组织内部与外部的边界,都在平台的出现后进一步得到突破,使得组织变得液态化,"自由组合、自由流动"。

总而言之,数字化转型有效地促进了科研组织管理的变革,使科研组织模式突破了个人、小团队的组织与管理边界，可以高效支撑形成大团队、建制化、分布型的科研组织与管理模式，在重大科研任务中可甚至可以形成跨组织、跨国家的科研组织与管理模式。

经过多年来的改革与发展，我国在科研组织管理方面取得了显著成效，但随着科研组织所存在和依附的外部环境变化，现有的科研组织模式已经越来越难以适应技术、制度等环境的剧烈变化。在探索与实践中努力塑造数字化转型新优势，不断完善科研组织管理模式，还需要做大量的工作。

一是加强研究。深入系统地研究数字化转型对不同国家、不同地区、不同领域、不同主体的科研组织模式的影响，着重研究在数字化转型背景下我国科研组织管理面临何种机遇与挑战，政府、企业、科研机构等主体需要做出何种改变以全面提升科研效率和创新效能。

二是敏捷治理。面对指数级变革的数字化发展趋势，必须采取敏捷治理方式。数字化转型是一个具有开放性和不确定性的过程，尝试使用更具前瞻性和参与性的新方法来设计和执行政策，依靠科学界和企业界采取负责任的态度和行为开展创新，构建风险管理解决办法。

三是分类施策。在科研组织管理领域，不同类型的主体、不同类型的研究、不同类型的项目往往具有不同的内在属性，其应对数字化转型的节奏、方式、策略也不尽相同，不宜采取一刀切的管理模式。需要研究和把握好它们各自的属性特征，并实施差异化的对策，构建高质量的科研组织管理模式。

四是推动合作。数字技术是应对世界共同挑战的强大工具，在科研组织管理方面更加需要加强数字技术研发与应用的国际合作。加强数字技术基础研究优势互补，探索推进科研机构、高校等共建数字技术优势学科，共同推进数字基础设施建设，共享科研组织管理的经验与典型案例。

《科研组织管理数字化转型研究》是杨晶博士在中国科学技术发展战略研究院从事博士后研究期间的一项重点课题。课题研究了数字化转型对科研组织模式的影响机制，分专题系统阐释了数字化转型对政府、科研机构、企业等创新主体在科研组织管理方面引发的重要变革，着重对数据要素、组织管理、研发流程、协同网络等方面进行分析，并提出新形势下应对数字化转型影响的政策建议。这一课题是一个新兴的研究领域，我院的研究尚处于起步阶段，真诚地欢迎读者朋友与我们进行深入交流、共同探讨。

是为序。

刘冬梅

中国科学技术发展战略研究院

党委书记、研究员

2023年10月

前　言

互联网的蓬勃发展，大数据、人工智能和云计算等新一代信息技术的系统性突破预示着新一轮科技革命和产业革命已经来临。以人工智能和大数据应用为主要特征的数字化转型对科学研究范式及其组织模式的变革带来深刻影响。工业时代传统的科研组织模式越发难以适应数字技术带来的剧烈变化，数字化转型在组织规模、创新要素、研发过程、协同网络等各个方面引发科研组织模式的创新和变革。

本书主要运用实地访谈、文献调研、理论分析、座谈访问等方法，采用总体阐述与专题研究相结合的方式对数字化转型引发科研组织管理变革进行了较为详细的分析和阐释。具体来说，主要完成了如下工作。

第一，从总体上阐释了数字化转型引发科研组织模式变革趋势的特点。主要梳理了数字化转型的内涵及发展阶段特征、科研组织模式的内涵及其发展历程，构建数字化转型对科研组织模式影响机制的分析框架并进行阐述分析。

第二，对我国科学数据的开放共享进行专题研究。主要阐释了科学数据的内涵及开放共享的意义，梳理总结了我国科学数据的发展现状与问题，并探讨了对科学数据开放共享的认识，以及提出相关对策建议。

第三，对我国数据资源布局进行专题研究。主要介绍了欧美等国家和地区强化对数据资源掌控的政策与动向，梳理了我国在数据资源体系化布局与数据跨境流动规则制定方面仍存的短板和不足，并针对这些问题提出在大国博弈背景下加强我国数据资源布局的政策建议。

第四，对我国政府科研管理的数字化转型进行专题研究。主要阐释了政府科研管理数字化转型的涵义和基本内容，分析了当前我国科研管理数字化转型的进展和主要问题，并提出了相关建议。

第五，对企业研发组织模式的转型方向进行专题研究。主要分析了企业研发组织模式转型的背景及意义、演进逻辑，梳理总结出企业研发组织模式转型趋势的4个典型特征，并提出了相关建议。

第六，对美国《联邦数据战略》进行专题研究。主要梳理了美国《联邦数据战略与2020年行动计划》的出台背景和主要内容，从战略由来、形成机制、战略制定、战略内容四方面系统阐释了其关键要点及启示。

第七，对数字化时代的国际科研合作进行专题研究。主要梳理了数字化时代国际科研合作的现实需求和理论背景，运用"设施—模式—机制"研究框架对数字化拓展国际科研合作进行系统分析阐述，并提出推动我国科研合作全球化的政策重点。

第八，对跨境数据流动政策法规进行专题研究。主要梳理了全球跨境数据流动规则体系，分析了我国跨境数据流动政策的进展与不足，并提出加快建立发展与安全相协调的中国特色全球跨境数据流动规则体系的政策建议。

第九，对我国ICT产业低碳化发展的挑战与路径进行专题研究。主要梳理了碳中和背景下ICT产业赋能与减碳的重要意义和ICT企业碳减排的国际经验，分析了我国ICT产业低碳化发展的进展与主要问题，提出推动ICT产业减碳的政策建议。

第十，从总体上提出了相关政策建议。面向数字化转型对科研组织模式产生的深刻影响，主要从5个方面提出总体政策建议，并对研究中存在的不足及未来可能进一步研究的方向做出探讨。

本书力求理论阐述与实践案例相结合，重视可读性与专业性相统一，希望能够为数字化转型相关研究领域的研究人员和感兴趣人士提供可供学习、可启思考、可资借鉴的案头读品。

在本书的研究和撰写过程中，得到了中国科学技术发展战略研究院各位领导、专家和同事们的指点与帮助，我心中充满深深的感谢。感谢梁颖达司长、刘冬梅书记、张旭院长、张丽书记、郭戎副院长、胡志坚研究员、孙福全研究员、邵学清研究员、王书华研究员给予我思路上高屋建瓴的指导和写作上的支持与鼓励，感谢我的博士后合作导师李哲研究员细致入微的指导，感谢博士后工作站毛义君老师对我的指导和帮助，感谢我的同事康琪、蔡笑天、

前言

杨洋、钮钦、韩军徽、高懿、李研、刘仁厚等人，与他们在研究工作中的讨论经常给我带来写作灵感。感谢我的同事贾维红、朱丽楠在出版过程中给予的帮助。

感谢本书涉及的各个企业、科研机构和大学的专家们，他们在访谈过程中真诚的讲述与交流，为本书提供了第一手可靠资料来源。

感谢大连理工大学胡志刚副教授及其研究团队，他们为本书的文献计量学研究提供了大力支持，在此表示深深感谢。

感谢科学技术文献出版社丁芳宇、胡群编辑的辛勤付出，她们审稿认真细致且专业性强，为本书提出了很多宝贵意见。

杨晶

2023 年 10 月

目　录

第一章　绪　论 1
　一、研究背景及意义 1
　二、理论基础与国内外研究现状 4
　三、逻辑框架和主要内容 28
　四、主要研究方法和创新点 31

第二章　数字化转型与科研组织模式 35
　一、数字化转型内涵及其发展阶段特征 35
　二、科研组织模式的内涵及其发展历程 41
　三、数字化转型引发科研组织模式发生变革 47

第三章　科学数据的开放共享 54
　一、科学数据的内涵及开放共享的意义 54
　二、中国科学数据的发展现状 57
　三、对科学数据开放共享的认识 64
　四、构建中国科学数据开放共享体系的建议 69

第四章　加强我国数据资源布局 72
　一、数据资源掌控能力成为大国博弈的焦点 72
　二、我国数据资源布局存在的短板与不足 76
　三、加强我国数据资源布局的政策建议 78

第五章　我国政府科研管理的数字化转型 80
　　一、政府科研管理数字化转型的涵义和基本内容 80
　　二、政府科研管理数字化转型的意义与影响 81
　　三、我国科研管理数字化转型的进展和主要问题 84
　　四、数字化转型推动政府科研管理改革的相关建议 88

第六章　企业研发组织模式的转型方向 91
　　一、研发组织模式转型的背景及意义 91
　　二、企业研发组织模式的演进逻辑 93
　　三、企业研发组织模式转型的趋势特征 95
　　四、推动企业研发模式转型的相关建议 99

第七章　美国《联邦数据战略》的关键要点与启示 101
　　一、《数据战略》的出台背景与主要内容 102
　　二、关键要点分析与启示 106
　　三、推动中国实施国家数据战略的相关建议 112

第八章　数字化时代国际科研合作的新趋势：设施、模式与机制革新 116
　　一、科研合作的现实需求 116
　　二、理论背景与研究框架 118
　　三、数字化对国际科研合作的影响机制 121
　　四、推动我国科研合作全球化的政策重点 126

第九章　建立发展与安全相协调的跨境数据流动规则体系 128
　　一、世界各国加强跨境数据流动规制 128
　　二、我国跨境数据流动政策的进展与不足 130
　　三、加快建立发展与安全相协调的全球跨境数据流动规则体系 133

第十章 推动我国 ICT 产业低碳化发展的挑战与路径 135
一、碳中和背景下 ICT 产业赋能与减碳的重要意义 135
二、ICT 企业碳减排的国际经验 137
三、我国 ICT 产业低碳化发展的进展与主要问题 139
四、推动 ICT 产业减碳的政策建议 142

第十一章 政策建议与结论展望 143
一、总体政策建议 143
二、结论和展望 149

第一章

绪 论

一、研究背景及意义

(一) 问题的提出

近年来,以数字化、网络化、智能化等为特征的新一代信息通信技术(ICT)对全球范围内经济社会产生深刻影响,人类社会正在进入以数字化生产力为主要标志的全新历史阶段。目前,已有20多个国家出台了促进数字经济发展的战略或规划,世界各地的组织正在积极进行数字化转型,世界经济论坛将此称为第四次工业革命。

我国数字化转型在经济增长、社会生活乃至政府治理方面发挥的作用越来越明显,得到了中央领导的高度重视。2017年7月,习近平总书记在二十国集团领导人第十二次峰会上强调:"我们要主动适应数字化变革,培育经济增长新动力,积极推动结构性改革,促进数字经济同实体经济融合发展。"2017年12月,习近平总书记在致第四届世界互联网大会的贺信中指出:"中国数字经济发展将进入快车道。"同年12月,习近平总书记在中共中央政治局第二次集体学习时指出:"要运用大数据提升国家治理现代化水平。要建立健全大数据辅助科学决策和社会治理的机制,推进政府管理和社会治理模式创新,实现政府决策科学化、社会治理精准化、公共服务高效化。"2018年5月,在中国科学院第十九次院士大会、中国工程院第十四次院士大会上,习近平总书记再次强调:"世界正在进入以信息产业为主导的经济发展时期。我们要把握数字化、网络化、智能化融合发展的契机,以信息化、智能化为

科研组织管理数字化转型研究

杠杆培育新动能。"2018年11月，在阿根廷举行的G20峰会上，习近平总书记指出："世界经济数字化转型是大势所趋，新的工业革命将深刻重塑人类社会。为更好引领和适应技术创新，建议二十国集团将'新技术应用及其影响'作为一项重点工作深入研究。"①党的十九届五中全会明确提出要"加快数字化发展"，并对此作出了系统部署。2021年10月，习近平总书记在中共中央政治局第三十四次集体学习时指出："要站在统筹中华民族伟大复兴战略全局和世界百年未有之大变局的高度，统筹国内国际两个大局、发展安全两件大事，充分发挥海量数据和丰富应用场景优势，促进数字技术与实体经济深度融合，赋能传统产业转型升级，催生新产业新业态新模式，不断做强做优做大我国数字经济。"党的二十大报告提出，要加快建设网络强国、数字中国。

数字化转型是经济高质量发展的重要推动力，符合我国从经济高速增长向高质量发展转变的要求。但与此同时，以数字化为代表的新技术应用也带来了相应的风险挑战，全方位冲击着传统工业时代所形成的一系列管理制度和组织行为。在经济社会发展和国家创新体系建设中，知识生产的顺利实现不仅需要精良的科研仪器设备、素质顶尖的科研人员，更需要符合时代发展要求的科研组织模式。

改革开放以来，在宏观上，我国推动科技体制改革已经取得丰硕成果，积累了丰富经验。2015年9月，中共中央办公厅、国务院办公厅印发的《深化科技体制改革实施方案》提出，完善科研组织方式和运行管理机制。"十四五"规划提出："深入推进科技体制改革，完善国家科技治理体系，优化国家科技规划体系和运行机制，推动重点领域项目、基地、人才、资金一体化配置。改进科技项目组织管理方式，实行'揭榜挂帅'等制度。"这对我国"十四五"时期及更长时期的创新驱动发展提出了更为迫切的要求。在微观上，我国高校、科研机构、企业研发组织也随着技术进步和经

---

① 习近平.登高望远，牢牢把握世界经济正确方向：在二十国集团领导人峰会第一阶段会议上的发言[N].人民日报，2018-12-01（2）.

济全球化迅速推进不断取得改革性成就,作为国家战略科技力量的组成部分,共同为国家创新体系建设贡献力量。然而,当前无论从政府的宏观科研管理还是微观主体的科研组织模式来说,越来越难以适应技术、制度等的剧烈变化。科研组织所存在和依附的外部环境发生重大变化,其内部的各种弊端和矛盾也日益突出,包括:国家重大科技项目的组织机制仍不完善,国家数字科学平台设施薄弱,公共科学数据的开放利用尚未完全落实落地,符合数字时代科研活动规律的治理机制尚未建立等。以上问题突出表现为面对数字化转型的需求,我国在基础研究和应用基础研究方面相对薄弱,原始创新能力有待进一步加强,关键领域核心技术攻关能力和面向民生健康领域的科研能力亟待提升。进入新的发展阶段,在宏观上如何建立创新能力较高的科研组织模式,充分发挥各个微观主体团队成员的创造力,推进科研组织的科研体制机制改革,形成国家战略科技力量,是一项亟待研究的重要课题。

那么,数字化转型到底给科研组织模式带来了哪些影响?我国科研组织模式在哪些方面尚未适应新技术的变化?相对应的,国家在制度和政策方面可以有哪些行之有效的改进措施?这些问题都值得进行深入探讨和研究。

(二)研究意义

1. 理论意义

本书的理论意义主要体现在以下三方面:第一,从数字化转型的理论与实践入手,梳理和总结了数字化转型的内涵及信息技术的演进历程、数字化转型的发展路径及其影响,界定了对数字化转型内涵的理解,丰富了对数字化转型本质及其影响的理论认识;第二,以科研组织模式内涵与演化历程为切入点,从历史演化角度综合考察了近现代科研组织变迁过程,以及我国科研组织模式的发展概况和国际经验,深化了对科研组织模式理论的理解;第三,以马尔泰克定律关于技术与组织变化关系的理论为基础,构建出数字化转型对科研组织模式影响的分析框架,分别从组织规模、创新要素、研发过程和协同网络4个方面总体阐述了数字化对科研组织模式的影响,并从科学数据开放共享、数据资源布局、科研管理数字化、企业研发组织模式转型、美国数据战略、国际科研合作、跨境数据流动、ICT产业低碳化8个方面进行专题研究,为组织理论研究拓宽了研究思路和视角。

2.实践意义

我国正处于从经济高速增长向高质量发展转变的历史关键时期,数字化转型本身所具有的创新、变革、高效率特征符合高质量发展的要求。数字化转型以数据资源为重要生产要素,以互联网、物联网、大数据、云计算、人工智能、区块链为代表的数字技术加速对经济社会产生变革性影响,政企机构纷纷拥抱数字化转型。在此背景下,根据科学技术发展的时代特点,探讨和分析数字化转型对科研管理的影响,有助于发现我国工业时代的科研组织模式在哪些方面无法适应新技术与制度变化的要求;有助于及时对旧的模式做出改革和调整,探索出适应新时代科学技术活动发展特征的科研组织模式,提升科研活动的效率和质量;同时也有助于充分地促进科技与经济的结合,国家与人民的结合,全面提升科技创新能力与效率,让科技更好地服务经济社会发展。

二、理论基础与国内外研究现状

(一)理论基础

数字化转型对科研组织模式影响的研究是建立在诸多学科和理论基础之上的,如经济学、哲学、管理学、历史学、信息与通信工程学、复杂系统学等。其中,演化经济学、科技哲学和管理学尤其有助于阐释数字化转型对科研组织模式影响的机理。

1.演化经济学的技术与制度协同演化理论

演化经济学研究"生成"(becoming)而不是研究"存在"(being),使其与新古典的静态、理性与同质性特征区别开来[1]。演化经济学注重对经济系统

---

[1] 杨虎涛.演化经济学讲义:方法论与思想史[M].北京:科学出版社,2011:16.

内部结构的研究，强调时间和历史在经济演化中的重要性，研究的焦点集中于技术进步、产业变迁和制度创新的过程。

近年来，演化经济学越来越关注技术与制度协同演化的过程[①]。纳尔逊认为资本主义国家技术进步基本采取渐进方式，反映出资本主义国家特有的制度结构。技术有私有和公有两面性，因此制度设计的任务就是在二者之间建立一种适当的平衡，既保持足够的私人刺激以鼓励创新，又保持足够的公有性促进技术广泛应用。制度结构的多样性有利于技术进步，并强调专利制度、大学研究和国家产业政策对技术进步的重要性。克里斯托弗·弗里曼在研究日本的国家创新体系时指出，国家间的技术差距纯粹用定量分析的方法是有缺陷的，因为这种研究方法忽视了制度因素，而"国家创新系统"被认为是最重要的方面[②]。

卡萝塔·佩雷丝的"技术经济范式"变革强调要有相应的制度与之匹配的理论与纳尔逊和弗里曼的理论是相通的。她提出，每次技术革命都是作为一次震荡而被社会接受的，它在扩散过程中遇到了来自制度和人们自身的强大抵抗。因此，技术革命在财富创造潜力上充分地展开，一开始产生出相当混乱而矛盾的社会后果，此后则需要一次重大的制度重组[③]。其他演化经济学的代表人物如乔瓦尼·多西、罗伯特·博耶、彼得·艾伦、戴维·蒂斯、帕维尔·佩里坎等，分别从机制、组织与行为变革，积累体制和生产组织模式等方面进行了阐述。

研究过程中吸收了技术进步与制度匹配和协调的思想，有助于分析新一代信息通信技术与科研组织模式之间协同演化的过程，以动态的、演进的观点来考察科研组织系统的演变与运行。

---

① 张海丰. 技术进步与制度匹配：演化经济学的视角[J]. 经济问题探索，2015（7）：1-6.
② 弗里曼. 技术政策与经济绩效：日本国家创新系统的经验[M]. 张宇轩，译. 南京：东南大学出版社，2008：22.
③ 佩雷丝. 技术革命与金融资本：泡沫与黄金时代的动力学[M]. 田方萌，胡叶青，刘然，等译. 北京：中国人民大学出版社，2007：30.

2. 科学哲学的"范式"理论

传统科学哲学关注的是科学中的认识模式、知识与真理等科学内部的问题①，其研究进路是由逻辑经验主义奠定的。然而，托马斯·库恩以历史为基础，向逻辑经验主义提出了挑战。他认为科学理性不能还原于任何一组显而易见的方法论规则，而是最终存在于科学共同体基于可靠性信息作出的判断当中②。在库恩看来，"科学革命"的实质就是"范式的转换"③。"范式"理论能够很好地阐释特定研究方法的特长和局限性④，成为科研组织模式变革的科学哲学基础。

托马斯·库恩在《科学革命的结构》中把范式定义为"被广泛接受的科学进步，能够在一定时间内成为一个实践者群体的样板性问题与解决方案"⑤。而范式的构成是一个研究领域背后的一系列基本假设，为该领域提供理论视角和研究框架。他认为，科学发展过程包括常规科学、反常与危机3个阶段。范式是一个共同体成员所共享的信仰、价值、技术等的集合，常规科学所赖以运作的理论基础和实践规范，是从事某一科学的研究者群体所共同遵从的世界观和行为方式，是开展科学研究、建立科学体系、运用科学思想的坐标、参照系与基本方式，是科学体系的基本模式、基本结构与基本功能。

本书应用科学哲学的"范式"理论，有助于深化对近现代科研组织范式变迁的认识。科研组织在科学发展的每一个阶段都有独特的范式，经历了"松散式"—"紧凑式"—"网络式"的演变过程。

---

① 陈凡，程海东.科学技术哲学在中国的发展状况及趋势[J].中国人民大学学报，2014（1）：145-153.
② 史密斯.科学哲学指南[M].成素梅，殷杰，译.上海：上海科技教育出版社，2006：516.
③ 库恩.科学革命的结构：第4版[M].金吾伦，胡新和，译.2版.北京：北京大学出版社，2012.
④ 毛基业，苏芳.质性研究的科学哲学基础与若干常见缺陷：中国企业管理案例与质性研究论坛(2018)综述[J].管理世界，2019（2）：115-120.
⑤ 库恩.科学革命的结构：第4版[M].金吾伦，胡新和，译.2版.北京：北京大学出版社，2012.

3. 管理学的组织管理理论

管理学作为一门经世致用的学科，与经济管理实践的发展演变密不可分，管理学科和管理理论的发展演变本质上是由时代转型和管理实践的发展演变所决定的[①]。自19世纪末20世纪初泰勒开辟组织理论以来，系统的组织理论经历了古典组织理论、行为科学理论和现代组织理论等多个阶段，但每一种理论都是匹配当时企业物种生存要求而提出的时代性观点[②]。共同之处在于它们都聚焦组织内部运作的协同点，并致力于围绕这个协同点建立起链接组织各模块的系统框架。

古典组织理论构建了一种集权型、层级制的组织结构，这种结构着重通过分工的专业化和工序的标准化来解决重复作业的效率问题。这一理论相对忽视个体的价值，更着重于以标准化指令为核心，纵向链接固化层级，形成稳定的组织结构。梅奥和巴纳德等人的行为管理学派更强调组织中人的重要性，提出组织并不是一个固态结构，而是一个人与人相互作用的系统。他们还鼓励企业应当分权，因为企业中的权威不应当取决于上级的地位，而是下级对上级的认同。现代组织理论更加关注组织与环境的互动，如以霍曼斯和卡特为代表的系统组织理论认为组织是一个开放的具有整体性的社会技术系统；由卢桑斯提出的权变理论认为组织需要与外部环境高效适应，因而具有变化无常的特性；阿尔瑞契与普费弗提出的群体生态理论则把生物学的适者生存法则引入组织管理理论中，弱化了组织行动者在决定组织命运中的作用。

研究过程中应用了组织管理理论来分析企业组织运行方式的演进，具体划分为直线职能型组织—矩阵式组织—扁平和开放型组织，阐释了技术的演进与需求的快速迭变改变了组织生存的根基。然而，比摧毁旧世界更难的是建立新秩序，要适应不断演进的技术，需要重新设想和改进系统组织框架。

---

① 陈劲，尹西明. 范式跃迁视角下第四代管理学的兴起、特征与使命［J］. 管理学报，2019（1）：1-8.

② 刘绍荣，夏宁敏，唐欢，等. 平台型组织［M］. 北京：中信出版社，2019：1.

（二）国内外研究现状

本书运用 Vosviewer 软件，采用文献计量学方法对 CNKI 收录的全部期刊（包括但不限于北大核心、CSSCI、CSCD 等数据库）中的篇名、关键词和摘要进行精确检索。关键词检索式如下：（'科研组织'+'科学研究组织'+'高校'+'研究中心'+'教育科研机构'+'科研院所'）*（'数字化'+'数字技术'+'数字转型'+'数字经济'+'数字政府'+'信息技术'+'通信技术'），共获取结果 1965 条。

分析结果发现，从文献主要分布的期刊来看，已有的研究成果多聚焦在教育技术、信息技术、图书情报与出版三大领域（图 1-1）；从文献主要分布作者的所属机构来看，已有研究成果多分布在华东师范大学、西南大学、河南大学、江苏师范大学、北京师范大学、中国人民大学等高校，代表人物有祝智庭、吴永和、兰国帅等学者（图 1-2）；从研究主题和关键词来看，主要集中在"教育数字化转型""智慧教育""数字出版""高校图书馆""工业互联网""新一代信息技术"（图 1-3）；按时间来看研究主题，早期主要聚焦于资源共享，此后转换为数字化校园、数字图书馆、教育信息化、信息技术，近年来则开始转向数字化转型、深度融合等方面（图 1-4）。

在以上文献计量基础上，按照研究主题分别从数字经济与数字化转型、科研组织模式与研发组织模式、科研管理 3 个方面对研究现状进行文献综述与评价。

1. 数字经济与数字化转型相关研究现状

数字经济于 2017 年首次被写入政府工作报告，正式成为国家战略，被视为促进未来经济增长的新动力。党的十九大报告又进一步明确了建设"数字中国"的总体构想，创造"人民美好生活"成为开展各项工作的首要目标。

近年来，数字经济蓬勃发展，与多个产业深度融合。在全球，数字经济对多个国家和地区的经济增长和生产生活产生了重要影响，成为重构国际经济格局的重要因素，引起各国普遍重视。在我国，数字化技术如何与实体经济深度融合、推动政企数字化转型，从而实现经济增长的新旧动能转换，是数字经济发展进程中的首要战略任务和重要内容。

第一章 绪 论

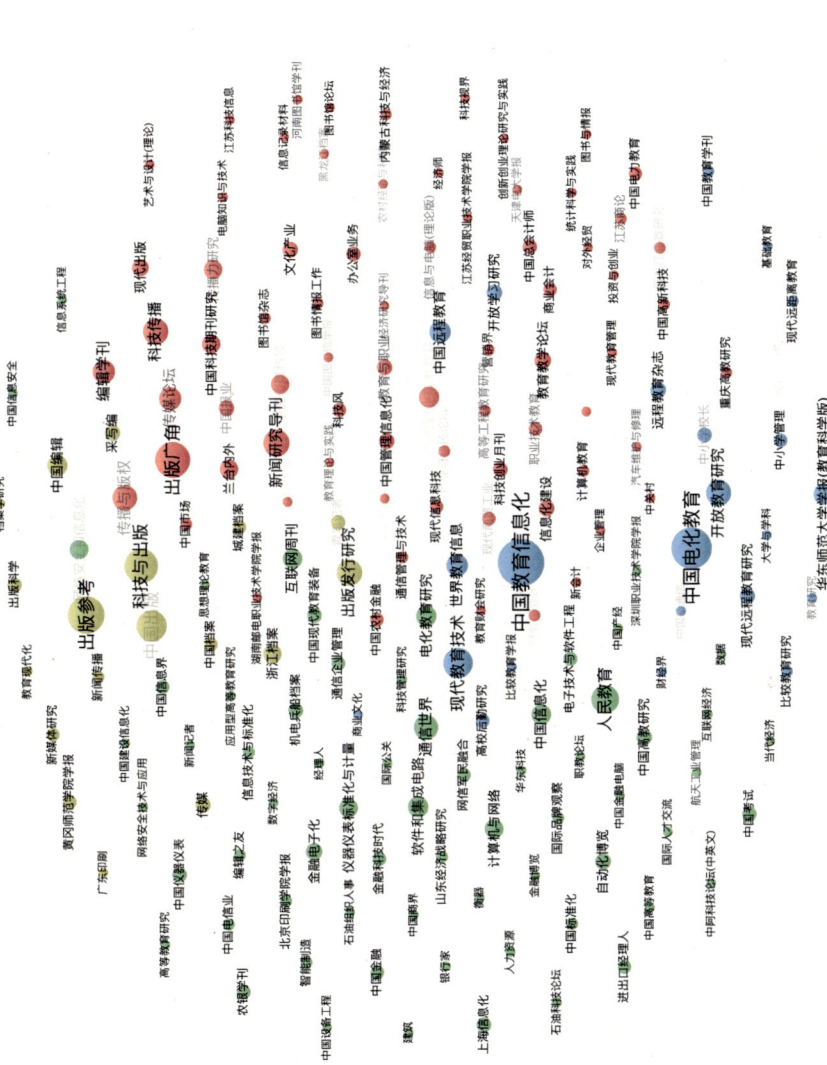

图 1-1 文献的期刊分布

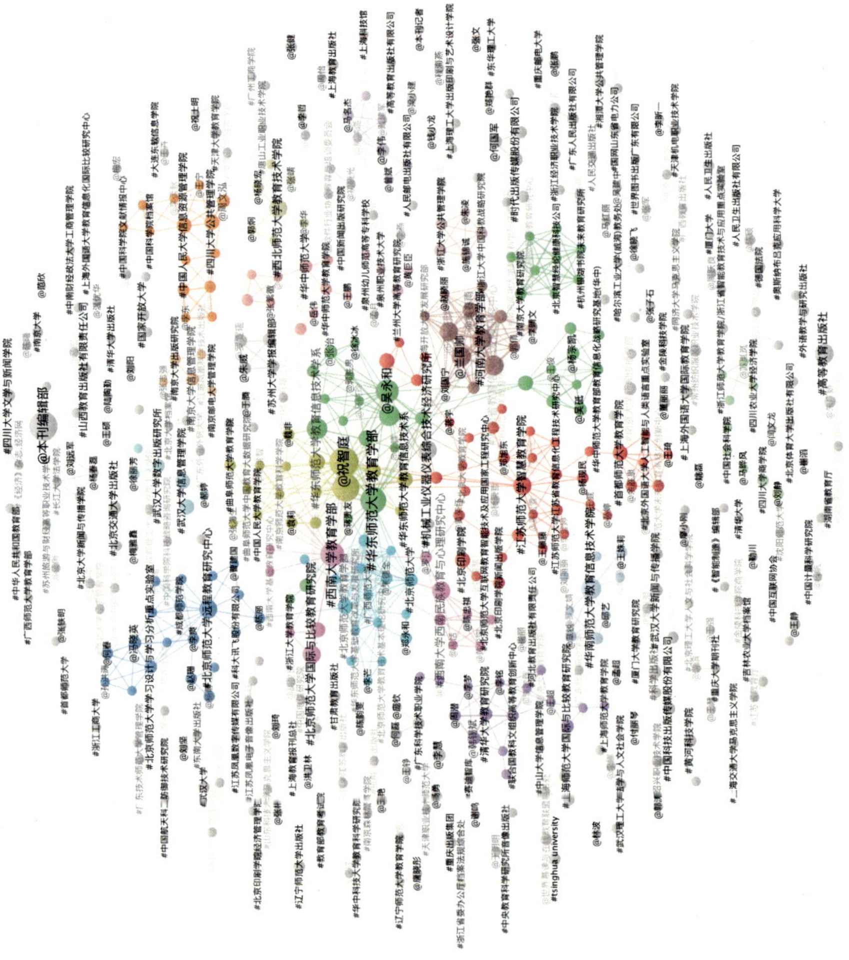

图1-2 文献的作者分布及所属机构

第一章 绪 论

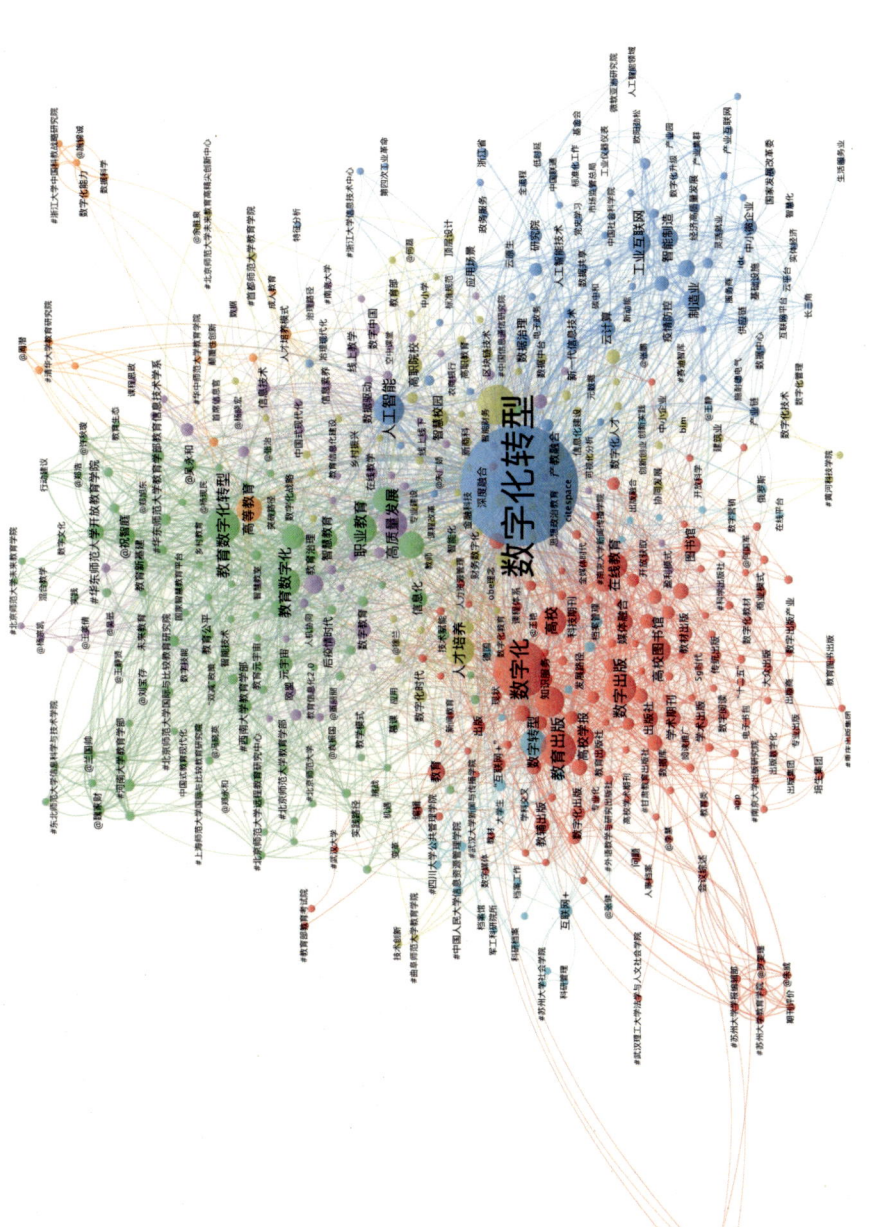

图 1-3 研究主题和关键词分布

11

科研组织管理数字化转型研究

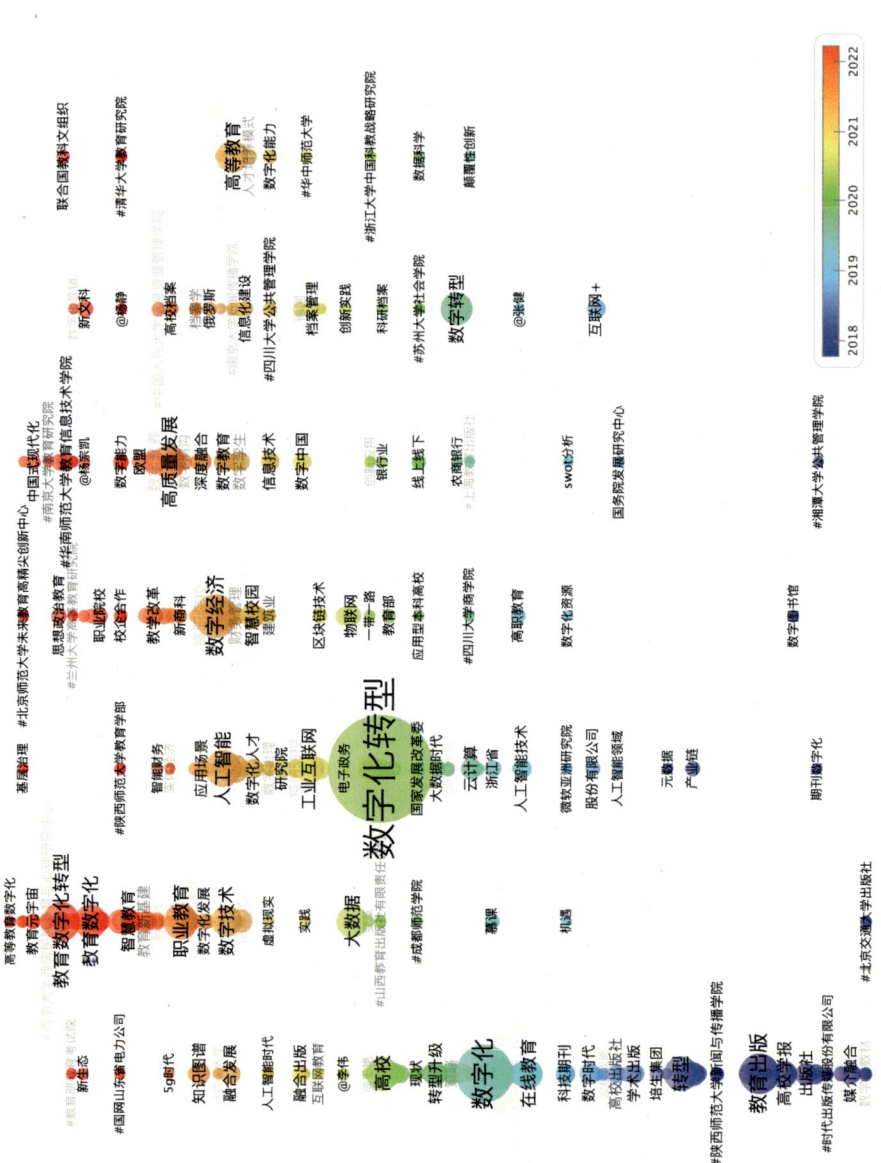

图 1-4 相关研究主题的时序分布

第一章 绪 论

（1）数字经济的内涵与特征

早在 1995 年，唐·泰普斯科特的专著就首次提出了"数字经济"这个概念，作者敏锐地预见到互联网所蕴含的巨大潜力及给经济社会带来的深刻影响[①]。随着数字经济的深入发展，人们对其认识也经历了一个不断深化的过程。在众多关于数字经济的定义中，以 2016 年 G20 杭州峰会发布的《二十国集团数字经济发展与合作倡议》最具代表性。该倡议认为，数字经济是指以使用数字化的知识和信息作为关键生产要素、以现代信息网络作为重要载体、以信息通信技术（ICT）的有效使用作为效率提升和经济结构优化的重要推动力的一系列经济活动。英国研究委员会（Research Councils UK）认为数字经济是通过人、过程和技术发生复杂关系而创造社会经济效益。在《澳大利亚的数字经济：未来的方向》中认为，数字经济是通过互联网、移动电话和传感器网络等信息和通信技术，实现经济和社会的全球性网络化[②]。国务院发展研究中心创新发展研究部课题组将数字经济定义为：以新一代新技术为支撑、网络和平台为载体、数据为生产要素、智能化为方向、数字产业化为基础、产业数字化为主体的新兴经济活动。中国科学技术发展战略研究院博士后张亮亮认为，数字经济是以数字化信息为核心生产要素，以信息技术为支撑，以现代信息网络为主要载体，以数字化技术提供产品或服务，是技术融合、产业融合、生产者与消费者融合的新型经济形态。

数字经济是继农业经济、工业经济之后的一种经济社会发展形态，呈现出有别于传统工业经济的独有特征，主要体现在以下几个方面：①数据成为关键生产要素；②连接成为数字经济的关键；③信息技术成为重要推动力；④数字基础设施成为新的基础设施；⑤数字素养成为对劳动力和消费者的新要求[③]。

---

① 新华三大学.数字化转型之路［M］.北京：机械工业出版社，2019：2.
② 逢健，朱欣民.国外数字经济发展趋势与数字经济国家发展战略［J］.科技进步与对策，2013（8）：124-128.
③ 马化腾，孟昭莉，闫德莉，等.数字经济：中国创新增长新动能［M］.北京：中信出版社，2017：7.

(2)数字经济的发展现状与趋势

全球数字经济呈现出良好发展态势(表1-1),主要表现为规模不断扩张,融合特征显著,由消费向生产领域拓展、福利型数字经济表现突出,影响社会治理等多方面[①]。后金融危机时代,世界各国政府已经纷纷将注意力集中到数字经济发展上,将数字经济作为提高国家竞争力的战略重点,纷纷制定数字经济发展战略,出台多项鼓励政策。美国商务部自1999年开始连续多年发布数字经济的系列报告,促进美国数字经济发展。此外,还依托其在全球信息技术产业发展中的领先地位,率先把大数据确定为国家战略,涉及技术创新、基础设施建设、数据共享、隐私和安全保护、创新生态体系建设等方面,抢先在该领域构建先导性优势,以继续保持其在世界文明的领先优势。

欧洲国家也高度重视发展数字经济。英国政府2009年6月公布了《数字英国》白皮书,2010年4月颁布实施《数字经济法》,加强对数字经济相关基础设施建议和业务发展,有力推动了"数字大不列颠"计划的实施。2015年2月出台《英国2015—2018年数字经济战略》,倡导通过数字化创新来驱动经济社会发展[②]。德国政府2015年正式提出数字化战略;2016年3月发布《德国数字战略2025》,将工业4.0平台、未来产业联盟、重新利用网络、数字化技术、可信赖的云、数据服务平台、中小企业数字化、创客竞赛、信息技术安全等作为数字转型重点领域。日本政府2009年7月制定《i-Japan战略2015》,主要包括促进产业复兴并培育发展新产业,大力推进数字化基础设施建设。澳大利亚政府于2011年5月31日启动了国家数字经济战略,该战略涉及宽带建设、在线教育、政府互联网教育等8项目标,充分调动政府、行业和社会各方面力量,积极参与到数字经济构建和发展进程中来。

[①] 中国林业信息化发展报告编纂委员会. 中国林业信息化发展报告2018[M]. 北京:中国林业出版社,2018:459.

[②] 柳杨,李君,左越. 数字经济发展态势与关键路径研究[J]. 中国管理信息化,2019(8):112-114.

第一章 绪 论

表1-1 全球数字经济发展态势

态势	表现	备注
全球数字经济规模不断扩张	在GDP中的占比增速较快	美国已超过10万亿美元位居首位，在GDP中的占比超58%
融合型数字经济主导地位加强	在数字经济中的占比不断增长	主要国家融合型数字经济占比高于70%，少数国家大约占90%
从消费到生产领域拓展	出现许多新兴模式和新兴业态	
电子信息制造业和信息通信服务业稳定发展	基础型数字经济增速趋缓	在GDP中的占比相对降低
云计算、大数据、人工智能等加速	和经济社会多方融合速度加快	有利于技术创新、社会进步和经济结构转型升级等
福利型数字经济成为主体	分享经济具有代表性	
对经济发展、劳动生产率、包容性发展和持续性发展等影响明显	数字经济在各国战略地位提高	
对经济社会治理模式影响深远	从政府监管到多元共治的转向	

我国数字经济基础也在保持快速发展，产业数字化转型沿产业链向前端深化发展，企业向"大数据化"和"云化"方向加速迈进，新模式新业态发展落地领域不断扩展，数字公共服务实现爆发式增长[①]，数字经济政策支持力度日益增强。在我国新旧动能转换的关键时期，数字经济逐渐成为推动供给侧结构性改革、传统产业转型升级、经济高质量发展的主导力量，成为全球公认的新动能、新业态、新经济。在现在和未来一段时间，我国数字经济发展将呈现如下趋势：①数字经济竞争要素将由用户流量向数据转变；②数字经济推动企业由批量供给向按需生产转变；③数字经济受到的监管将不断增强[②]；④国家信息基础设施体系将更加完善。也有学者指出，未来

---

① 贾映辉.浅谈我国数字经济发展[J].互联网经济，2019（4）：64-67.

② 王伟玲，王晶.我国数字经济发展的趋势与推动政策研究[J].经济纵横，2019（1）：69-75.

科研组织管理数字化转型研究

数字经济的发展势必会呈现数据化、平台化、生态化、精细化、全球化的趋势[①]。

（3）数字经济的效应与影响

对于当代数字经济产生的效应与影响，有学者认为，既有积极性质，也存在负面效应[②]。其积极性质体现在：①促使全球经济提质增效；②推动市场经济活力的有效释放；③实现资源的优势流动和竞争性提价；④引致现代商品交换的无缝对接。其负面效应体现在：①增加开放型经济的复杂性；②难以规制资本的集中和野蛮生长；③产生现代社会分配机制的新缺口；④导致市场主体的准入资格集中化；⑤带来世界市场的同质化及逆向全球化。

数字经济将重塑全球经济格局，这具体表现在：发达经济体之间基于数字资源禀赋形成的"生产稳态"关系将使其与发展中国家在分工关系上相对割裂。受资本和技术等多重因素的制约，发展中国家将面临"新数字鸿沟"问题，同时，数字经济还将催生新兴经济体之间的发展分化。此外，数字经济存在显著的规模经济和系统集成效应，成为驱动一体化的新机制和新动力[③]。

从传导机制看，数字经济对国民经济的影响主要体现在替代效应、渗透效应、创新效应和产业关联效应四个方面[④]。数字经济产业对产业结构优化的影响路径为：数字经济产业改造传统产业，促进产业结构优化升级；数字经济产业促进新兴产业形成，带动产业结构优化升级；数字经济产业重塑需求端，拉动产业结构优化升级[⑤]。

---

① 王鸥.数字经济的特征与未来发展趋势［J］.中国市场，2020（6）：189-190.

② 龚晓莺，王海飞.当代数字经济的发展及其效应研究［J］.电子政务，2019（8）：51-62.

③ 王玉柱.数字经济重塑全球经济格局：政策竞赛和规模经济驱动下的分化与整合［J］.国际展望，2018（4）：60-79.

④ 张辉，石琳.数字经济：新时代的新动力［J］.北京交通大学学报（社会科学版），2019（2）：10-22.

⑤ 臧蕊.数字经济产业发展对产业机构优化升级的影响研究［D］.北京：北京邮电大学，2019：15.

（4）数字化转型的内涵及内容

数字化转型始于企业，目前学界对"数字化转型"的定义大多集中于企业层面，即狭义的数字化转型。例如，有学者认为，数字化转型旨在借助数字世界中强大的可连接、可汇聚和可推演的能力来进行产品、业务和商业模式创新，以更低的成本、更高的效率为客户提供更好的服务和体验。它是一场涉及企业文化、组织流程、商业模式和人员能力的蜕变[1]。也有学者认为，数字化转型是用信息技术对组织的IT架构和业务架构进行重塑。企业IT架构由数据、技术、应用构成，业务架构由组织、流程、规则构成，包括交易模式、管理模式和生产方式[2]。还有学者认为，数字化转型是建立在数字化转换、数字化升级基础上，又进一步触及公司核心业务，以新建一种商业模式为目标的高层次转型[3]。在席卷全球的数字化浪潮下，不仅企业面临数字化转型，政府乃至整个社会都纷纷拥抱数字化转型，这就是广义的数字化转型。国务院发展研究中心企业研究所和腾讯研究院发布报告称，数字化转型是使用持续创新的数字技术和日益丰富的数据要素推动经济社会活动变革的过程[4]。

数字化转型的内容也分为狭义和广义两个层面。从狭义即企业层面来看，数字化转型贯穿产品设计、智能制造及增值服务交付的全过程，涉及企业的方方面面。主要从4个维度开展：产品、运营、客户、人力[5]。从广义角度来看，数字化转型涉及整个经济、社会、政府治理等方面的变革，从企业到产业，再到国家和全球层面。从本质上说，数字化转型是一场波及经济社

---

[1] 新华三大学.数字化转型之路[M].北京：机械工业出版社，2019：1.

[2] 陈沛，彭昭朕，孙健.企业数字化转型路径及实践[J].管理会计研究，2019（1）：73-81.

[3] 陈劲，杨文池，于飞.数字化转型中的生态协同创新战略：基于华为企业业务集团（EBG）中国区的战略研讨[J].清华管理评论，2019（6）：22-26.

[4] 国务院发展研究中心企业研究所，腾讯研究院.秉持"科技向善"拥抱数字化转型：新技术应用及其影响[R/OL].（2019-06-18）[2020-12-01].https://tisi.org/Public/Uploads/file/20190618/20190618164030_96375.pdf.

[5] 新华三大学.数字化转型之路[M].北京：机械工业出版社，2019：20.

会发展全局、涵盖生产力到生产关系的深远变革①。

（5）政府数字化转型（数字政府）

政府数字化转型，是指以政府主要业务的数字化为基础，通过推进技术融合、业务融合、数据融合，不断优化组织构架，提高政府透明度和行政效能，切实转变政府职能，构建开放、高效、整体性的数字政府②。也有学者认为，政府数字化转型是利用互联网、大数据、云计算、人工智能等现代信息技术，强化政务数据的整合、开放、共享，构建人机协同的数字化、网络化、智能化集成应用系统，以流程再造实现跨部门、跨系统、跨地域、跨层级高效协同③。

政府数字化转型的意义和影响体现在如下几个方面：第一，大数据为社会的治理、政府的治理提供了坚实的基础，不仅为政府治理提供了一种治理理念，还提供了一种宏观的信仰，使我们的决策更加坚实和有实据④。第二，随着数字技术在政府治理领域应用的日益渗透，政府数字化转型强调"公民即用户"，从"使用"的角度重新审视和定义公民。强调公民的使用感觉和体验，并把其作为衡量公共服务质量的重要依据，并以终端用户的价值和体验作为公共服务改革的出发点和归依⑤。第三，经济社会数字化、网络化和智能化发展趋势，推动政府组织架构的数字化转型。政府需要通用的政策框架以协调工作，打破各部门间相互孤立的局面⑥。通过组织扁平化、业务协同化、服务智能化等方式，以及各部门各机构的有效衔接和互动，形成一个以大数

---

① 肖息.关于新技术应用的八个建议［N］.人民邮电报，2019-06-24（4）.
② 国务院发展研究中心创新发展研究部.数字化转型：发展与政策［M］.北京：中国发展出版社，2019：85.
③ 仲瑜.关于加快推进政府数字化转型的对策建议［J］.智库时代，2019（2）：179-180.
④ 江青.数字中国：大数据与政府管理决策［M］.北京：中国人民大学出版社，2018：124.
⑤ 钟伟军.公民即用户：政府数字化转型的逻辑、路径与反思［J］.中国行政管理，2019（10）：51-55.
⑥ 杨卓凡.数字化转型带来的经济社会变革与监管挑战［J］.新经济导刊，2019（3）：64-68.

据和人工智能为支撑的模块化智能网联体[1]。第四，政府数字化转型更好地服务产业发展，推进经济社会高质量发展[2]。通过制度创新和技术创新，改变传统形态下的低效信息传递模式，加强行政权力制约，创新政府服务模式，使审批更简、监管更强、服务更优、治理更有效，最大限度地激活市场活力和社会创新力，助推经济社会的高质量发展。

2.科研组织模式和研发组织模式相关研究现状

近代以来的大部分时期，科学研究的主要组织形式是以自由探索为特征的"小科学"，不少重大的发现也是由这种组织方式而来。第二次世界大战以来，随着以人类基因组计划、哈勃太空望远镜计划等为代表的科研项目的实施，"大科学"更多地呈现在人们面前[3]。

为了适应"大科学"时代的到来，不同科研行为主体都做出了相应的努力和探索。许多高校开始尝试从直线职能制组织方式向跨学科[4]、跨组织[5]乃至跨国家协同创新科研组织模式转变，科研院所则承担了大部分共性技术研发组织工作，新型研发机构致力于构建开放式创新平台、基于创新价值链视角的科研组织模式[6]，企业采用项目制、矩阵制、产品研究小组、企业技术联盟、网络研发、虚拟研究中心[7]等研发组织模式。与此同时，在科学研究方式

---

[1] 北京国际城市发展研究院首都科学决策研究会课题组.关于推进数字政府建设的11条政策建议[J].领导决策信息，2019（13）：24-25.

[2] 仲瑜.关于加快推进政府数字化转型的对策建议[J].智库时代，2019（2）：179-180.

[3] 王晓锋.树立大科学观 创新跨学科科研组织模式[J].中国高等教育，2011（2）：24-26.

[4] 唐福涛，冯玉萍，李春阳，等.高校跨学科科研组织模式探究[J].当代教育理论与实践，2014（5）：40-42.

[5] 宋婷婷，张晓妮，孙楠，等.高校协同创新科研组织模式探索[J].技术与创新管理，2015（4）：345-349.

[6] 谭舒海.基于创新价值链视角的新型研发机构组织模式分类研究[D].广州：广东工业大学，2018：20.

[7] 张国会，于浩.科技型企业研发活动组织模式及研发费用归集问题研究[J].科技进步与对策，2014（1）：93-97.

科研组织管理数字化转型研究

几乎被"大科学"所统治的时代,"小科学"并没有消亡,特别是随着信息技术与互联网技术的迅猛发展,以"公众科学"为代表的科研组织模式出现表明,除科学家之外,业余科学爱好者等同样可以纳入科学研究项目及其信息收集工作中来[1]。此外,还有众包、众筹等一系列新型科研组织模式随之涌现。

(1)科研组织模式的内涵与我国科研组织模式发展历程

从微观来看,对于科研组织模式的内涵,学界从不同角度给出不同的定义,大体可以分成两类。第一类是针对科研组织自身内部的组织模式,如何洁等认为,现代科研组织是根据科学技术发展的特点,把人力、资金和设备科学地结合在一起,建立科学研究的最佳结构[2]。唐琳认为,科研组织模式是高校组织结构的重要部分,我国目前高校管理模式由于受传统模式的困扰,主要实行校—院—系(所)三级直线职能制的管理模式[3]。我国高校跨学科研究模式主要有课题组模式、研究中心模式、重点实验室模式[4]。第二类则是针对各类科研组织之间的合作关系所形成的组织模式。例如,随着自然科学问题和社会科学问题的日益复杂化,各类科研组织建立跨学科边界、跨组织边界乃至跨国家边界的合作关系,被认为是解决这些复杂问题的一种主要方式[5-6]。从已有研究文献来看,当前的科研组织合作关系可以分为3大类,即"学术组织—学术组织""学术组织—产业组织""产业组织—产业组织",不同的合作关系又分别形成了不同的组织模式。还有学者从传统与新型组织

---

[1] 秦熙昊. 公众科学的科研组织模式研究 [D]. 天津:天津大学,2016:8.

[2] 何洁,范少锋,周锋,等. 我国科研组织模式发展建议 [J]. 中国高校科技,2013(7):16-18.

[3] 唐琳. 世界一流大学科研组织结构创新研究 [J]. 北京教育(高教版),2017(1):24-26.

[4] 赵晓春. 跨学科研究与科研创新能力建设 [D]. 合肥:中国科学技术大学,2007.

[5] KATES R W, National academies committee on facilitating interdisciplinary research. Facilitating interdisciplinary research [M]. Washington, DC: The National Academies Press, 2005.

[6] ADAMS J D, Black G C, CLEMMONS J R, et al. Scientific teams and institutional collaborations: evidence from U.S. universities, 1981–1999 [J]. Research policy, 2005, 34 (3): 259–285.

第一章 绪 论

模式的角度进行了定义，新型科研组织的结构包括：跨学科综合研究组织结构、矩阵式组织结构、弹性组织结构①等。

从宏观来看，对于我国科研组织模式的演进过程，学者们有不同的划分意见。有学者认为，我国的科研组织模式可以分为：计划经济时代的科研组织模式—首席科学家负责制—协同化、集成化科研组织模式3个阶段。也有学者认为我国科研活动组织模式的探索发展经历了自发个体行为时期、步入正轨时期、蓬勃发展时期②。还有学者认为中华人民共和国成立以来，我国的科研组织模式经历了高度集中的计划型、实施转型的政府导向型、全面部署的市场导向型3个阶段③。

（2）科研组织模式的国际经验

发达国家较多采用"矩阵式"科研组织模式，围绕某项具体研究任务，成立跨部门、跨机构的研究团队，资源共享、优势互补、有效合作④。既保证了科学研究自由探索的需要，也顺应了"大科学"时代内部资源与外部资源相互融合的需求。其中，国际上比较有代表性的科研组织模式主要包括⑤：日本的科研基地平台模式、瑞士的协同创新科研模式、美国的大学交叉学科发展模式、大学工程学科发展模式及大科学设施科研组织模式。此外，美国国防部高级研究计划局（DARPA）采用了扁平化组织模式⑥-⑦，美国密歇根大

---

① 百度百科.现代科研组织［EB/OL］.（2015-11-25）［2020-03-06］.https://baike.baiddu.com/item/ 现代科研组织 /834436?fr=aladdin.

② 郑春.新型科研活动模式及组织机制研究［J］.科学管理研究，2012（5）：34-37.

③ 周梦玲.我国科研管理体制机制研究［D］.南京：南京大学，2015：53.

④ 林慧，袁秀，贾佳.对科学文化与"家族式"科研组织模式的思考［J］.中国科学院院刊，2019（5）：560-566.

⑤ 何洁，范少锋，周锋，等.我国科研组织模式发展建议［J］.中国高校科技，2013（7）：16-18.

⑥ WILIAM B, RICHARD A. ARRA-E and DARPA: applying the DARPA model to energy innovation［J］. Journal of technology transfer, 2011, 36：469-513.

⑦ FUCHS E R H. Rethinking the role of the state in technology development: DARPA and the case for embedded network governance［J］. Research policy, 2010, 39（9）：1133-1147.

学采用扁平化和顾客导向的服务型组织模式①。

Newman②通过对美国洛斯阿拉莫斯电子打印档案的系列研究论证了科研合作网络的这一特点。国外研究合作网络存在一个涵盖多领域的超大连通网络③，几乎所有的作者彼此之间都可以相互连接，联系紧密。

（3）企业研发组织模式的内涵及类型

企业的研发组织模式是企业配置研发资源、组织科技攻关的基础，是企业技术创新体系的重要组成部分④，采取合理的研发组织模式对于提高企业研发工作的专业化水平、研发资源的使用效率及自主创新能力具有重要意义。随着科学技术的进步，产业技术变得日益复杂，显现出跨学科性质的趋势，因此需要采用合作研发的组织模式以分散风险和提高效率。所谓合作研发组织，就是企业与供应商、零售商、高等院校、科研院所、政府相关部门甚至竞争对手进行合作，借助研发资源互补以提高研发绩效、进行合作知识生产的组织形态⑤。在合作研发中采取什么样的组织模式，多由技术的性质决定研发的组织模式。

企业的研发组织模式依据不同的维度，有不同的分类方法。按照管理控制维度，可以将企业的研发组织模式分为分散式、集中式和混合式；按照供应链伙伴参与维度，可以分为供应商参与式、客户参与式和非参与式；根据

---

① 王思懿，赵文华.迈向服务型行政：研究型大学科研管理机构组织变革——以密歇根大学和上海交通大学为例［J］.中国高教研究，2017（3）：67-71.

② NEWMAN M. Scientific collaboration networks. II. Shortest paths, weighted networks, and centrality［J］.Physical review E, 2001, 64（1）: 016132.

③ NEWMAN M. SIAM review's top-downloaded paper spotlights a rapidly-growing field［EB/OL］.（2018-04-02）［2020-03-06］. https://sinews.siam.org/ Details-Page/siam-reviews-top-downloaded-paper-spotlightsa-rapidly-growing-field.

④ 龚小军，杨艳.企业研发组织模式的影响因素和选择策略［J］.石油科技论坛，2015（5）：55-59.

⑤ 纪占武，王庆.产业共性技术合作研发组织模式解析［J］.科技信息，2011（7）：502-503.

合作研发维度，可以分为独立研发模式和联合研发模式①（表1-2）。

表1-2　联合研发的组织模式

划分原则	形式	案例
合作时间长短	临时性	IBM与西门子合作研制芯片
	长期性	清华同方与清华大学
技术创新环节	纵向联合型	企业委托
	横向联合型	IBM、Intel等的联合
主体	产学研型	华北制药
	共同开发型	中国—惠普DSP（数字信号处理）技术研究中心
	联合科研型	中俄核分析试验
	管产学研型	深圳国际技术创新研究院

3. 科研管理相关研究现状

科研管理是管理学科的新领域。随着科学研究的社会化和分工的细化，科研管理逐步从科研过程中分离出来，并成长为现代科研体系中一个独立管理部门②。科研管理是科研活动顺畅进行的必要保障。国内外学者对科研管理问题的研究可以从宏观和微观两个层面进行把握，宏观上主要是对政府科研管理体制问题的研究，微观上主要集中在对高校和科研机构业务管理的研究。

（1）政府科研管理体制

政府科研管理包括的范围很广，主要有科研投入、科研流程、科研产出、成果应用转化、科研评估和科研交流③。张钢考察了德国的科学体制，从社会政治体制、民族文化相联系的角度，分析了德国科学体制化与民族主义的复杂关系④。王涛等对澳大利亚的科研管理进行研究，认为澳大利亚科研管

---

① 钟耕深，刘鹏，于莉.高科技品牌企业的研发组织模式及选择原则［J］.科学学与科学技术管理，2007（9）：15-19.

② 王东军.提高科研管理工作水平的若干思考［J］.有色矿冶，2007（2）：65-67.

③ 董欣宇，江姝颖.政府科研项目管理过程中的问题分析及对策研究［J］.上海管理科学，2018（3）：116-119.

④ 张钢.民族主义与德国科学体制化［J］.浙江大学学报，1997（3）：7-12.

科研组织管理数字化转型研究

理由政府统筹，立法完备、体制健全、程序公开，强调以绩效评估及审计等方式对科研经费开展预防为主的监管，科研产出效率高[①]。

我国的科研管理模式是在计划经济时代形成并沿袭下来，一直以来，都是以政府领导、管理、投入为主[②]，并在逐步完善的过程中，这一领域的研究总体上较为零散。中科院科技政策与管理科学研究所方新、柳卸林认为科技体制主要包括科技体系结构（组织系统）和运行机制（规则系统）两个方面，并且互为条件。我国政府在国家科技发展中的职能定位、科技资源的使用和监督等方面还有相关问题待解决[③]。封颖认为制约我国科技体制发展的问题根植于政治体制领域，目前的科技管理仍处于"人治"阶段，这种人治模式部分来自苏联模式，部分来自于中国的历史传统[④]。张敏容认为科技体制改革应明确组织体制和激励机制两条主线[⑤]。廖天土、戴天放指出科技体制改革应明确政府的权利和责任，要强化政府对科技活动的宏观管理作用，改革要调动科技人员的积极性[⑥]。这些研究从不同的视角，基于不同的历史时期，解读和分析了我国科技体制机制的现状、问题和对策，具有很好的参考借鉴意义。

（2）高校与科研院所的科研管理

科研管理已经成为高校和科研院所管理的一项重要内容，专业化科研管理能够有力地推动高校科研的发展。高校科研管理是指按照科学技术和高等教育发展规律和管理学原理，为实现既定目标，通过科研过程的各个环节，

---

① 王涛，夏秀芹，洪真裁．澳大利亚科研管理和监督的体系、特点及启示［J］．国家教育行政学院学报，2014（11）：85-90.

② 任海红．我国科研管理体制改革的创新思考：推进国民经济发展的一个策略视角［D］．东北财经大学，2012.

③ 方新，柳卸林．我国科技体制改革的回顾及展望［J］．求是，2004（5）：43-45.

④ 封颖．中国科技体制的历史回顾与当前面临的两个核心问题［J］．科技创业月刊，2006（1）：29-30.

⑤ 张敏容．中国科技体制改革的路径选择［J］．北京理工大学学报（社会科学版），2007（6）：47-50.

⑥ 廖添土，戴天放．建国60年来我国科技体制改革的历史演变与启示［J］．江西农业学报，2009（9）：190-192.

对高校科研活动中的人、材、物、时间、信息和效果进行计划、组织、控制、总结，是科研项目达到最佳完成度的一种组织活动[1]。科研院所的科研管理大致包含：组织管理模式、人力资源建设和管理、科研经费配置、绩效评估机制等[2]。

美、英高校的科研管理在组织机构、交流平台、培训体系方面体现出高度的专业化水准，极大地提高了美、英国家高校科研管理的成效，推动了高校科研活动的进展[3]。有研究认为，美国高校的科研管理属于全过程管理，根据不同的项目类型或项目的不同发展阶段进行机构设置，强调服务导向，将服务研究人员和大学科研发展作为组织目标，通过提高管理效率促进整体科研水平的提升。而我国高校的科研管理机构大多沿用自上而下的科层制管理模式，其机构设置具有与上级政府主管部门"同构"的倾向，而不是依据项目类型或周期进行组织。目前我国的科研管理实践还存在重管理轻服务、重形式轻内容、重结果轻过程、重物轻人等问题。杨力主编的《高校科研管理研究》重点研究了高校科研管理与实践发展所涉及的要素：激励机制、科研团队建设、创新体系、基金项目管理、成果转化[4]等。袁波从创新管理理念、整合人才资源、凝聚科研方向、转变服务模式等方面探讨科研管理部门在重大科研项目管理中的作用[5]。

在影响高校科研管理改革的因素研究方面，艾伦·哈泽尔科恩（Ellen Hazelkorn）将影响高校科研管理改革的因素分为外部因素和内部因素。外部因素包括政治因素，如全球化，国家科研政策；经济因素，如外部科研资助机制，知识经济的发展。内部因素包括高校的使命和战略，人力资源和组织

---

[1] 薛天祥. 高等学校科研管理［M］. 上海：华东师范大学出版社，1988：9.

[2] 胡智慧，王建芳，张秋菊，等. 世界主要国立科研机构管理模式研究［M］. 北京：科学出版社，2016：4-5.

[3] 宋鸿雁. 美国与英国高校科研管理专业化探析［J］. 黑龙江高教研究，2012（2）：10-13.

[4] 杨力. 高校科研管理研究［M］. 长沙：中南大学出版社，2005：22.

[5] 袁波. 科研管理部门在重大科研项目管理中的作用［J］. 医学研究生学报，2014（1）：86-88.

制度，以及高校的科研环境①。梁明伟认为高校科研管理改革是各种利益因素和权利因素的博弈。教师对学术利益的追求，政府、社会、市场对政治利益、公共利益和经济利益的追求既可促进也可阻碍高校科研管理变革。在高校科研管理中，既得利益者利用权势和学术影响阻碍学术资源的重新配置，成为阻碍学术进步的力量②。

（3）科研管理的信息化与数字化

数字技术的飞速发展，对科研管理既带来机遇也带来挑战。我国科研管理呈现出信息化、数字化管理的发展趋势，其中比较相近的概念有"互联网+"，信息化、数字化等。"互联网+"科研管理即在科研管理中，充分利用云计算、物联网、大数据、移动互联网等信息通信技术，以科研对象为主体，实现科研项目信息化管理，创造科研项目资源信息的有序整理与区域共享的环境③。信息化在高校科研管理中的应用是一种必然趋势，从项目管理、成果管理到科研档案管理，都无一例外地应用信息化来开展管理工作。信息化能够进一步提升高校科研管理水平，加快科研发展④。科研管理的数字化建设包括科研政策和文件的数字化处理、项目的申报和批准立项的数字化管理、科研项目成果评估及奖励管理的数字化、科技管理日常工作的数字化等⑤。

邹亚霏从认知、机制和管理模式3个角度指出在大数据背景下我国科研管理发展的问题及成因⑥。许哲军认为，我国高校科技管理信息化存在数据共

---

① HAZELKORN E. University research management: developing research in new institutions [M]. OECD publishing. 2005：57.

② 梁明伟. 中国大学学术管理研究：基于组织、制度和文化的视角［M］.北京：中国人民大学出版社，2013：235-239.

③ 唐圣姣."互联网+"时代高校科研管理模式改革研究［J］.宁德师范学院学报（哲学社会科学版），2018（1）：111-113.

④ 王安平，张丽君，刘昌敏.信息化在高校科研管理中应用初探［J］.中国管理信息化，2019（3）：224-225.

⑤ 高凤新.科研管理的数字化［J］.中国高校科技，2012（7）：32-33.

⑥ 邹亚霏.大数据背景下我国科研管理的问题与对策研究［D］.武汉：武汉科技大学，2018.

享度较低、科技产出数据零散不系统、数据的质量不理想、信息化数据的利用率低等问题，大数据在科研管理领域具有广泛的应用前景。梅媛等认为，当前高校科研管理系统存在传统管理模式受限、缺乏对数据的分析、高校间缺乏科研互动等问题，提出要建设适应信息化发展的高校科研管理模式[①]。刘刚伟认为，科研项目数字化管理即将成为主流，其贯穿项目从申报到成果评估的全过程，结合现代网络技术，数字化管理手段可提高科研项目管理的工作效率、服务水平和监督力度，对于促进国家科技水平和层次提升有重要的作用[②]。

（三）研究述评

通过上述文献综述可以看出，国内外学者对数字经济和数字化转型的关注更多集中在产业和企业层面，突出表现为制造业和服务业的数字化转型，以及传统企业自身的数字化转型问题。这是因为企业是技术创新的主体，数字技术最先在这些微观主体上发挥作用，进而扩散到整个经济社会。这些研究工作为企业推动数字化转型提供了坚实的研究基础和有益参考。但是，数字化转型已是大势所趋，不仅成为企业等私营部门重点关注的问题，政府也开始主动迎接数字化转型带来的各种机遇和挑战，这就开启了数字化转型研究的新课题。目前，相对于企业和产业领域来说，数字技术在政府部门的应用速度还没有完全跟上，特别是数字化转型对包括科研组织模式的影响尚未引起充分关注。对于数字政府的研究也多停留在政务系统、智慧城市、智慧交通等公共服务领域，还未深刻触及科研管理和科技创新领域，存在许多亟待补充的内容和需要解决的问题，主要包括以下3个方面。

①关于数字经济和数字化转型的研究多集中在数字化转型的宏观层面，包括我国数字经济的整体发展趋势，传统制造业与服务业转型、数字政府、数据开放共享及数据安全、数字平台垄断等问题，对某一具体领域的研究不够深入，未将数字化转型与科技创新、科研有机结合起来。

---

① 梅媛，宋立娟，刘乐乐.信息化在高校科研管理中的应用研究[J].卫星电视与宽带多媒体，2019（21）：53-54.

② 刘刚伟.科研项目数字化管理[J].科技创新与应用，2019（17）：191-192.

②关于科研组织模式的研究，由于资料获取等方面的局限，已有研究或是更加注重政府宏观科技体制改革方面，缺乏微观层面更为深入的科研活动组织模式的剖析；或是更加关注高校、科研机构或企业个案，缺乏从整体上的梳理和共性总结。随着全球经济环境和科技环境的变化，政府不断调整科技体制和科技政策，科研机构、高校和企业等微观主体则在适应科研体制和科技环境的变化中不断调整、优化自身的科研组织模式。因此，必须持续研究科研组织模式，从宏观和微观两方面分析科研管理的发展趋势，把握科研组织模式的新特点，运用科学的研究分析方法，解析数字化转型对科研组织模式的全方位影响，对我国科研组织模式进行改革和创新。

③已有研究多以介绍为主，对于新形势下我国如何进行科研组织模式改革，政府如何制定科研管理的相关政策没有给出明确的建议。因此，需要在跟踪分析数字化转型的基础上，结合我国科研体制机制改革、科研机构组织改革的切实需求，对科研组织模式的特征进行详细梳理，进而为我国创新科研组织模式等提供借鉴。

三、逻辑框架和主要内容

（一）逻辑框架

本书的总体研究路径是首先提出研究背景与意义，在系统阐释数字化转型的内涵与发展阶段、科研组织模式的内涵与演进历程的基础上，从组织规模、创新要素、研发流程、协同网络4个方面总体阐释数字化转型对科研组织模式的影响，然后运用实地访谈、案例分析等方法，分别从科学数据开放、数据资源布局、科研管理数字化、企业研发组织模式转型、美国数据战略、国际科研合作、跨境数据流动、ICT产业低碳化8个专题分别探究数字化转型对政府、科研机构、企业等创新主体在科研组织模式方面产生的影响，分析最新发展趋势、特点和问题，并提出应对数字化转型影响的对策建议（图1-5）。

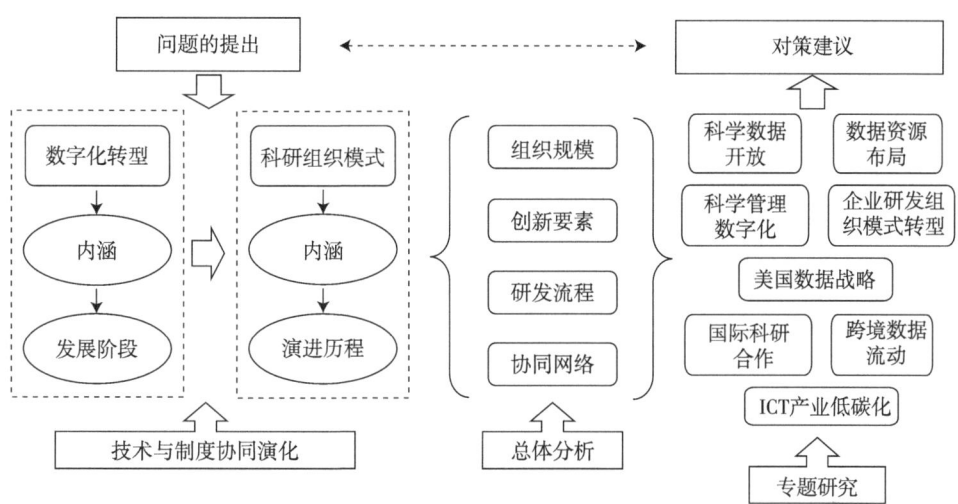

图 1-5 研究框架

（二）主要内容

本书从总体阐述与专题研究相结合的角度，分十一个章节进行研究。

第一章，绪论。本章在对研究背景和意义进行阐述的基础上，引出所要研究的主要问题，运用文献计量法对国内外相关研究文献进行系统梳理，并介绍了研究的逻辑框架、主要研究内容及所使用的研究方法。

第二章，数字化转型与科研组织模式。本章主要从总体上对数字化转型的内涵及发展阶段特征、科研组织模式的内涵及其发展历程进行梳理和阐述，在此基础上借鉴马尔泰克定律，构建了数字化转型对科研组织模式影响机制的分析框架并进行系统分析，进而提出数字化转型背景下科研组织模式变革的对策与建议。

第三章，科学数据的开放共享。本章是科学数据要素专题，主要阐释了科学数据的内涵、科学数据开放共享的意义，梳理总结了中国科学数据的发展现状与问题，并从汇聚保存、产权归属、范围边界、国际合作4个方面深化对科学数据开放共享的认识，进而提出构建中国科学数据开放共享体系的相关建议。

第四章，加强我国数据资源布局。本章是数字资源布局专题，主要梳理了欧美等国家和地区数据政策与动向，阐明数据资源掌控能力成为大国博弈的焦点，分析了我国在数据资源体系化布局与数据跨境流动规则制定方面的短板和不足，并针对这些问题提出在大国博弈背景下加强我国数据资源布局的政策建议。

第五章，我国政府科研管理的数字化转型。本章是政府科研管理转型专题，基于对政府科研管理数字化转型的涵义和基本内容的阐释，分析了当前我国科研管理数字化转型的进展和主要问题，并提出今后一段时间促进政府科研管理数字化转型的相关建议。

第六章，企业研发组织模式的转型方向。本章是企业研发组织模式转型专题，在分析企业研发组织模式转型的背景及意义演进逻辑的基础上，梳理总结出企业研发组织模式转型趋势的4个典型特征，并提出政府为企业创造数字化转型条件的相关建议。

第七章，美国《联邦数据战略》的关键要点与启示。本章是国际经验专题，主要梳理了美国《联邦数据战略与2020年行动计划》的出台背景和主要内容，从战略由来、形成机制、战略制定、战略内容四方面系统阐释了其关键要点，并提出推动中国实施国家数据战略的相关建议。

第八章，数字化时代国际科研合作的新趋势：设施、模式与机制革新。本章是科研合作国际化专题，在梳理数字化时代国际科研合作的现实需求和理论背景的基础上，提出"设施—模式—机制"研究框架。运用此框架来分析数字化对国际科研合作的影响，并提出推动我国科研合作全球化的政策重点。

第九章，建立发展与安全相协调的跨境数据流动规则体系。本章是跨境数据流动规则体系专题，在梳理全球跨境数据流动主要政策法规和规则体系的基础上，分析了我国跨境数据流动规制的进展与不足，并提出加快建立发展与安全相协调的中国特色全球跨境数据流动规则体系的政策建议。

第十章，推动我国ICT产业低碳化发展的挑战与路径。本章是ICT产业低碳化发展专题，主要梳理了碳中和背景下ICT产业赋能与减碳的重要意义、ICT企业碳减排的国际经验，分析阐释了我国ICT产业低碳化发展的进展与主要问题，并提出推动ICT产业减碳的政策建议。

第十一章，政策建议与结论。本章主要聚焦数字化转型对科研组织模式产生的深刻影响，从5个方面提出总体政策建议，并在此基础上做出总结，对研究中存在的不足及未来可能的研究方向做出探讨。

四、主要研究方法和创新点

（一）研究方法

本报告采用的主要研究方法包括以下几个方面。

1. 文献综合分析

从国家图书馆、清华大学网上图书馆、中国知网、维普期刊、万方数据库等渠道收集国内外关于数字经济、数字化转型、科研组织模式等相关期刊文献、学位论文、会议论文、专著，跟踪最新前沿动态，掌握研究发展态势。研究过程中还获取了一些研究案例的宣传册、PPT、书籍及有关调查问卷的公开书面答复，这些二手文献资料有利于补充和增进研究的真实性，提高研究效度。

2. 实地调研访谈

半结构化访谈法是获取资料的主要渠道，研究过程中采取了"非随机抽样"中的"目的性抽样"原则，即按照研究目的抽取能够为研究提供最大信息的量性研究对象，涉及以下主体类型：①企业，传统企业包括上海建科集团股份有限公司、中国电子科技集团有限公司2家大型国有企业，这是因为考虑到大型国企可能更具有数字化转型的实力和需求；数字企业包括科大讯飞（北京）有限公司、北京旷视科技有限公司、北京依图网络科技有限公司，这其中既有人工智能领域的独角兽企业，又有诸如科大讯飞此类历经20多年发展的高科技企业。②科研院所与高校，科研院所包括广东省科学院、广东省农业科学院、广东省林业科学研究院、中国气象科学研究院、中国医学科学院药物研究所、中国林业科学研究院等分属不同领域的国立科研机构；高校包括广东工业大学、南京工业大学2所具有代表性的理工类大学。③新型研发机构，包括中国科学院广州化学研究所、深圳市未来工场科技有限公司、中国科学院深圳先进技术研究院、深圳清华大学研究院、深圳华大生命科学研究院、深圳光启科技有限公司、深圳数字生命研究院、鹏城实验室等。

自2019年2月22日至2020年10月30日，研究团队实地调研22家机构，

科研组织管理数字化转型研究

访谈人数共计41人（包括各个机构的管理人员和研发人员），访谈时长总计27小时，访谈地点在各机构的会议室或办公室进行（表1-3）。每次访谈有2~5名研究团队成员参与，采取1~2人主要提问，其他人员辅助提问的方式。在每次访谈过程中都进行录音，详细记录访谈内容，访谈结束后及时将语音资料转录文本，此为第一手资料。

表1-3　实地访谈信息

主体类型	访谈对象	访谈日期	访谈时间
传统企业	上海建科集团股份有限公司总裁、研发中心主任（2人）	2019年2月22日	2小时
	中国电子科技集团公司第三十八研究所党委书记、首席科学家等（3人）	2019年5月31日	2.5小时
数字企业	北京旷视科技有限公司政府事务总监、高校关系负责人（2人）	2019年3月14日	2小时
	科大讯飞（北京）有限公司副总经理、项目经理（2人）	2019年6月20日	3小时
	北京依图网络科技有限公司战略合作部总经理（1人）	2019年8月13日	2小时
科研院所	广东省科学院、广东省农业科学院、广东省林业科学研究院（每个院所副院长1人）	2019年4月15日	30分钟/人
	中国气象科学研究院（4人）	2020年9月10日	3小时
	中国农业机械化科学研究院（4人）	2020年8月25日	2小时
	中国医学科学院药物研究所（5人）	2020年10月21日	2小时
	中国林业科学研究院（5人）	2020年10月30日	2小时
高校	广东工业大学科技与人文研究院副院长（1人）	2019年4月15日	30分钟
	南京工业大学副院长（1人）	2019年8月28日	30分钟
新型研发机构	中国科学院广州化学研究所、深圳市未来工场科技有限公司、深圳先进技术研究院、深圳清华大学研究院、深圳华大基因科技有限公司、深圳光启科技有限公司、深圳数字生命研究院、鹏城实验室（每个机构代表1人）	2019年4月15—16日	30分钟/人

注：表格内容根据实际访谈情况整理。

在运用半结构化访谈法过程中，针对不同访谈对象制定出差异化访谈提纲。例如，针对传统企业，重点了解其面对数字化转型的机遇和挑战、享受的优惠政策、创新过程中面临的主要问题和政策性障碍等内容。针对数字企业，重点了解其研发组织方式、研发团队、产学研合作形式、核心业务领域、数据和算法、竞争优势等内容。针对科研院所和高校，重点了解其科研组织方式、科研人员创新积极性、创新活动和绩效、科研管理机制、产学研合作、科技成果转化等内容。针对新型研发机构，重点了解其建设模式、运作机制、资金投入、科研组织、成果转化、孵化服务及其在数字化转型中的经验和做法等。

3. 理论分析

采用学科综合方法，综合运用演化经济学、制度经济学、科学哲学、管理哲学、现代公共管理学、企业管理学、组织学等学科理论与方法对收集的文献和材料进行分析。

研究过程中采用多级编码方式对资料进行整理，然后运用上述理论方法分析。具体编码过程为：①根据资料来源方法对已获取资料进行一级编码；②基于研究分析框架，将构成国家创新体系的组成要素，包括创新主体、创新资源、创新机制、创新环境进行二级编码，即概念化提取；③对二级概念进一步分类编码，如创新主体又可分为企业、科研院所、高校、创新创业服务机构、新型研发机构、个人等，创新资源又可分为人才、资本、数据、仪器设备等，进而形成三级编码。在编码基础上，运用诠释性分析方法，严密检查和识别编码资料，找出用来描述并解释数字化转型对国家创新体系影响这一现象的构成、主题和模式，在对资料的提炼、推断分析中得出研究结论。

4. 座谈访问

多次召开专家研讨会，邀请经济学、管理学、科技史、科技哲学、信息通信学等相关领域的专家学者，以及企业研发人员和管理人员进行座谈研讨。

（二）创新点

本书的创新点主要体现为以下几个方面。

一是从演化视角分析信息技术及科研组织模式的演变历史，梳理信息技

科研组织管理数字化转型研究

术演进的研究路径及其经济学影响,以及科研组织模式在不同时期、不同国家和地区的经验与成效,对科研组织所依赖的约束条件、模式选择等进行系统分析,并阐释数字化转型对科研组织模式的影响。

二是从复杂系统视角凝练出科研组织模式的分析框架、参与主体、运行机制等,并从多主体、多要素对科研组织模式进行刻画和分析,从科学数据、科研管理、企业研发模式、国际经验、合作机制等方面形成立体化的科研组织模式研究路径。

三是结合我国经济社会发展的现实情况及未来中长期发展的宏伟愿景,利用场景分析、需求分析、政策调研等方法,凝练提出完善我国科研组织模式、提升我国科研效率与水平的战略路径与战术方法,提出切实可行的政策建议。

第二章

数字化转型与科研组织模式

当今世界,数字化技术创新日新月异,人类社会正在进入以数字化生产力为主要标志的历史阶段。数字经济与多个产业深度融合,数字化转型对多个国家和地区的经济增长、社会发展及国家治理体系和治理能力产生了重要影响,引起各国普遍重视。

数字化转型不仅为人类社会带来了众多机遇,也影响着传统工业时代塑造的一整套管理模式和决策行为,包括对科研组织模式的影响和挑战。如何正确认识和把握数字化转型对科研组织模式变革趋势的影响,成为关乎提升国家科技创新治理能力的重要议题。

一、数字化转型内涵及其发展阶段特征

根据现代汉语词典释义,转型是指社会经济结构、文化形态、价值观念等发生转变。转型是一个主动求新求变的过程,是创新的过程。

(一)信息技术演变及数字经济由来

1. 信息技术的演进及其对经济社会的影响

数字经济的前身是信息技术软硬件的萌芽和发展,在过去一百多年中,信息技术经历了以电报、电话为代表的第一代信息技术,以集成电路、计算机为代表的第二代信息技术,以互联网为代表的第三代信息技术,目前正在进入以云计算、大数据、人工智能为代表的第四代信息技术历史进程中。

以电报、电话为代表的第一代信息技术对改变企业组织形态起到至关

科研组织管理数字化转型研究

重要的作用。从19世纪中期到20世纪初,电报、电话等信息技术催生了诸如电报通信服务、家庭电话服务、期货交易、企业电话系统服务等一代信息产业新业态。在企业管理领域,对企业实现远距离协同生产和运营提供了条件,从而出现了以规模经济和范围经济为基本特征的众多大型企业,促进了企业总部与生产车间实现地理上的分离,使得现代大工业生产和中央商务区的出现成为可能。这对处理企业运作和管理过程中产生大量信息的技术提出强烈需求,催生出各种新一代信息技术,成为计算机技术的先驱。

第二代信息技术,包括集成电路技术、计算机技术的出现和普及,极大提高了部门和个人信息处理能力。从20世纪初到20世纪70年代,打字机、计算器、制表系统、计算机等技术,催生了诸如计算机系统集成服务、个人信息处理、办公自动化、企业财务管理等一系列信息产业新业态。在企业管理领域,与规模经济和范围经济相适应的大规模层级式企业盛行,企业总部汇集了来自各地各部门的大量信息,第二代信息技术即以应对处理这些海量信息为主要使命。随之而来的是规模化企业信息分布的离散化趋势越来越明显,进而导致企业由严格的科层制管理模式向事业部制管理模式转变,产生了处理企业内部和企业之间的电子化信息交流的需求,成为企业内局域网和互联网等第三代信息技术出现的经济社会基础。

与以互联网技术、Web2.0技术为代表的第三代信息技术相适应的,是以敏捷化、虚拟化、扁平化、定制化和网络化为特征的经营管理模式成为主流模式。从20世纪70年代到2000年前后,局域网、企业内联网、互联网技术,催生了网络集成、电子商务、网络社区、网络门户、供应链管理等为代表的新一代数字化产业形态。在企业管理领域,第三代信息技术给企业的生产和经营模式带来了空前深远的影响。随着第三代信息技术的发展,导致网络带宽快速上升,通信和计算的界限逐渐消弭,带来计算模式的革命。

第四代信息技术以数据采集、传输、计算、分析为核心,提供一种消弭不同行为空间区域和活动领域的"间隙"、满足人类时空一体化信息需求的运算能力,使人类进入了全球性的动态联盟、泛在交流和分布智能时代。具备全新形态的群体性行为的大规模涌现,将成为第四代信息技术框架下经济社会数字化转型的新模式。

2. 数字经济概念的由来

1995年,加拿大商业分析师唐·塔普斯科特(Don Tapscott)在其专著《数字经济:网络智能时代的希望和危险》中首次提出数字经济(digital economy)的概念。他将数字经济看作是"网络时代"由信息技术支撑的经济社会运行新范式,并归纳了数字经济的若干特征[①]。继而,曼纽尔·卡斯特的《信息时代三部曲:经济、社会与文化》、尼葛洛庞帝的《数字化生存》等著作相继出版,数字经济的提法在全世界流行开来[②]。从国家、政府和政府组织层面来说,数字经济的概念最早由经济和发展组织提出,此后,西方许多国家开始关注和推进数字经济发展,特别是美国以发展数字经济为口号,大力推动信息产业发展,美国商务部先后出版《浮现中的数字经济》《新兴的数字经济》《数字经济2000》《再度崛起的数字经济》等多本数字经济年度报告,从有利于统计和测算的角度来界定数字经济的概念[③]。

数字经济真正的爆发式增长发生在2008年全球金融危机之后,在物联网、云计算、大数据、人工智能、第五代移动通信(5G)等新一代信息技术的推动下,数字经济的渗透力持续增强,与国民经济各部门不断融合、相互推动,对经济增长的推动作用越来越强。2015年之后,全球市值最大的企业中,排名前五的都是数字经济企业,代表着工业时代的制造、连锁零售、金融企业已经被整体超越,数字经济已经成为不可阻挡的世界潮流。2018年G20杭州峰会发布了《二十国集团数字经济发展与合作倡议》,将数字经济界定为:"以使用数字化的知识和信息作为关键生产要素、以现代信息网络作为重要载体、以信息通信技术的有效使用作为效率提升和经济机构优化的重要推动力的一系列经济活动。"

---

① 国务院发展研究中心创新发展研究部.数字化转型:发展与政策[M].北京:中国发展出版社,2019:2–3.

② 徐晨,吴大华,唐兴伦.数字经济:新经济 新治理 新发展[M].北京:经济日报出版社,2017:2.

③ 张亮亮.中国数字经济创新发展与规制研究[R].北京:南开大学经济与社会发展研究院与中国科学技术发展战略研究院,2018:5.

（二）数字化转型的内涵及发展阶段

1. 数字化转型的内涵

"数字化转型"的概念在2016年被带火，2018年被炒热，2019年逐步被企业所熟知，2020年被推上风口。对数字化转型的定义目前还没有形成统一认识，其界定非常困难。国务院发展研究中心企业研究所和腾讯研究院认为，数字化转型是使用持续创新的数字技术和日益丰富的数据要素推动经济社会活动变革的过程[1]。安筱鹏博士认为数字化转型的本质是在数据+算法定义的世界中，以数据的自动流动化解复杂系统的不确定性，优化资源配置效率[2]。也有观点认为，数字化转型的本质是借助数字化的能力，在动态竞争的数字化时代提升企业的核心竞争力，最终提升效益。

综合上述文献观点，我们认为数字化转型是运用日益发展的数字技术和不断泛在化的数据资源将"万物数字化"，从而使数字化范围蔓延到整个物理世界，推动整个经济社会实现变革。从企业和产业层面看，层出不穷的数字技术应用不断重塑国际竞争、贸易和服务模式，成为企业的新型竞争手段，加速推进各行业迭代过程，促成"寄生—共生—互生—再生"的产业环节。从国家层面看，数字化转型形成了新动能，数字技术和实体经济的深度融合在众多领域培育出新增长点，并优化区域间要素配置，成为各国积极应对经济下行周期压力的一剂良方。从全球层面看，数字化转型无疑加快了"数字地球"进程，大幅促进了商品、资本、技术等在全球范围内的动态结盟和泛在交流。从本质说，数字化转型是一场波及经济社会发展全局、涵盖生产力到生产关系的深远变革[3]。无论是企业、高校、科研院所，还是政府，都绕不开数字化转型。

---

[1] 国务院发展研究中心企业研究所，腾讯研究院. 秉持"科技向善"拥抱数字化转型：新技术应用及其影响［R/OL］.（2019-06-18）[2020-12-01]. https://tisi.org/Public/Uploads/file/20190618/20190618164030_96375.pdf.

[2] 安筱鹏. 数字化转型的关键词［J］. 信息化建设，2019（6）：50-53.

[3] 肖息. 关于新技术应用的八个建议［N］. 人民邮电报，2019-06-24（4）.

2. 数字化转型的发展阶段

数字化转型经历了不同发展阶段，传统企业进行数字化转型的一般路径是从电子化到信息化，再到数字化的一个渐进过程，是以新建一种商业模式为目标的高层次转型（表2-1）。

表2-1　数字化转型不同阶段的特点及策略[①]

序号	阶段	特点及策略
1	电子化	将大量文档通过计算机输入、存储，如将数据通过电子表格或报告进行记录等方式都属于数字化替代阶段
2	信息化	将现有的流程数字化，对组织战略、运行流程及支撑它们的系统、政策、组织和结构的重组与优化，提升效率及增强效用
3	数字化	注重的不仅是内部流程优化，还包括如何管理在各个环节产生的数字资源，以及发展出新的业务（商业模式）和新的核心竞争力

学术界一般将信息通信技术（ICT）归入"使能性技术"或通用目的技术的范畴，伴随着其发展和演化已具有非常广阔的应用空间，且它的使用不受任何个人偏向的约束和引导，可以服从所有行业和活动的需要[②]。每一代信息技术都深刻地影响和改变着传统行业、企业数字化转型。最早的电子化是从模拟形态到数字形态的转换过程，其变革的本质是将信息以"0-1"的二进制数字化形式进行读写、存储和传递，属于数字化替代阶段。信息化阶段是基于IT技术，强调的是"流程驱动"，指运用数字技术改造商业模式，从而提升工作协同效率、资源利用效率，为企业创造信息化价值。数字化则完全超越了以上两个阶段，基于云计算、人工智能为代表的新技术群落，着力于如何管理在各个环节产生的数字资源，实现"数据驱动"，使企业在一个新型的数字化商业环境中发展出新的业务（商业模式）和新的核心竞争力[③]。在转型

---

① 冯国华，尹靖，伍斌. 数字化：引领人工智能时代的商业革命 [M]. 北京：清华大学出版社，2019：19.

② 白重恩，阮志华. 技术与新经济 [M]. 王淼，译. 上海：上海远东出版社，2010.

③ 陈劲，杨文池，于飞. 数字化转型中的生态协同创新战略：基于华为企业业务集团（EBG）中国区的战略研讨 [J]. 清华管理评论，2019（6）：22-26.

过程中，不同组织并非处于相同阶段，具体取决于当前的数字化成熟程度。

（三）数字化转型对经济社会及治理的影响

当前我们正在经历的数字化转型是信息技术创新与服务创新相互促进、产生伟大技术经济共振效应的产物。特别是第四代信息技术的变革性进步，不仅能扩展新的经济发展空间，推动传统产业转型升级，而且能促进整个社会转型发展。

第一，数字化转型正在赋能数字经济时代。数字化转型是数字经济时代的重要特征，重塑着要素资源、企业主体、产业体系、商业模式、国际贸易和市场规则。加快数字化转型已成为当下全球经济社会创新发展的重大优先事项和关键举措。在万物互联趋势下，数据资源以每年40%的指数速度增长，数据作为生产要素直接参与生产过程、提升生产效率，与其他要素深度融合，会进一步优化资源配置，给经济增长注入新的动力。数字化转型的潜力巨大，世界经济论坛《数字化转型倡议》指出：2016—2025年的10年时间内，各行业的数字化转型有望带来超过100万亿美元的产业价值和社会价值。仅人工智能一项技术就能极大推动经济增长，麦肯锡估算到2030年人工智能应用可能会带来13万亿美元的经济产出，并使全球GDP每年增加约1.2%。

第二，数字化转型正在对社会生活产生深远影响。第四代信息技术演进的核心要素是"融合"和"泛在"。"融合"使人们不再需要根据不同的需求使用不同的沟通工具，"泛在"使人们在购物、排队、乘车甚至吃饭时都可以实现基于网络的一体化交流，得到前所未有的便利化生活方式。与此相伴而生的，是人类行为两个基本特征的形成——时间上的"即时化"与空间上的"在此化"[①]。随着数字技术的发展，人类社会实现随时随地交流"此时此刻正在发生的事情"将不再遥远。不仅如此，数字技术还让人类从简单的事务性和操作性工作中解放出来，代之以机器自动执行，人们可以有更多的精力投身复杂思维活动和人际交往活动中。

---

① 于施洋，王建冬，郭鑫. 数字中国：重塑新时代全球竞争力［M］. 北京：社会科学文献出版社，2019.

特别是在应对新型冠状病毒肺炎之际,数字化技术惠及民生领域的深度和广度不断拓展。医疗领域,新型医疗服务模式不断涌现,消毒机器人能够解决真人消毒效率低下、人员人身安全难以保证等难题。调查显示,疫情期间市场对于消毒机器人的订单需求已增长 7~8 倍,"机器 + 医护"新模式再提速。教育方面,在线教育迎来发展机遇,并呈现出由在线职业教育向全日制在线教育延伸的显著特征。据不完全统计,疫情期间,我国全日制在线教育平台新增数量超过 100 个。就业方面,在线灵活工作模式加速突破。疫情导致办公环境的隔离,雇员和雇主之间不一定捆绑在同一物理空间内,带来组织环境的脱离,形成用工方式的全新变革。研究显示,受疫情影响,2020 年我国灵活用工市场规模将增长 23% 以上[①]。

第三,数字化技术应用正在加速促进社会治理转型。一方面,数字化转型促进政府对不适应实践发展要求的市场监管、产业政策进行改革,如推动"放管服"改革、完善商事制度、降低准入门槛、建立市场清单制度等。另一方面,数字化转型也在倒逼监管体系的创新与完善,如加快电子商务立法、规范互联网金融发展、建立伦理审查制度、推动社会信用管理等。当然,数字技术的发展也对政府提供公共服务的模式产生了重要影响,为促进运用大数据、云计算等新一代信息技术提升政府监管水平与服务能力创造了条件和工具。此外,数字化转型有可能重塑政府与公众之间的互动,为百姓参与社会治理提供良好契机,在推进国家治理体系和治理能力现代化、满足人民日益增长的美好生活需要方面发挥着越来越重要的作用。

二、科研组织模式的内涵及其发展历程

现代科研组织是根据科学技术发展的特点,把人力、资金和设备科学地结合在一起,建立科学研究的最佳结构。科研组织模式则是特定时期内社会

---

① 孙克.新冠肺炎疫情对数字经济发展及宏观经济的影响如何?[EB/OL].(2020-02-11)[2021-01-05]. https://mp.weixin.qq.com/s/nAFXqW2qM8lBkL_Ct0Qt0A.

科研组织管理数字化转型研究

共同体组织科研的方式,对科研范式和科技创新具有能动的影响作用[①]。先进的科研组织模式,可以有效地提高科研工作效率。

（一）近现代科研组织模式的变迁

自近代以来,科学研究大体上经历了从"小科学"到"大科学"再到"大科学与小科学并存"的演变过程,科研组织模式也呈现出相应的阶段性特征（表2-2）。

表2-2　近代科学研究方式的演变过程

序号	阶段	主要特征
1	小科学	自由探索,研究主题由科学家自己决定,研究目的在于增长知识或满足兴趣爱好,经费是个人自给自足或他人资助
2	大科学	投资力度大、研究难度高、研究规模大、研究目标宏大、涉及学科领域广、多组织多国家合作
3	大科学与小科学并存	"大科学"在改变某些基础研究领域的垄断性、全局性科学规划、部分学科研究领域做出调整；"小科学"不再坚持极端个人主义色彩,逐渐接受国家资助,紧跟政策导向,两者发挥各自优势和特点

"小科学"是指在近代自然科学产生后的相当长一段时间里,以自由探索为特征的科研组织模式。这种模式以科学家个人或科学小组间有较强的竞争性为特点,以科学家或科学团队追求真理为导向,通常是集中在单个学科领域内进行研究,经常会产生出让人意想不到的结果,不少重大发现由此产生[②]。

"大科学"用于描述第二次世界大战以来,以曼哈顿计划、阿波罗登月计

---

① 陈套. 推动科研范式升级　强化国家战略科技力量［J］.中国科技奖励,2020（8）：67-68.

② SOLAR-TERRESTRIAL NCCO. A space physics paradox: why gas increased funding been accompanied by decreased effectiveness in the conduct of space physics research?［M］. Washington, DC：National Academy Press, 1994.

划、人类基因组计划、哈勃太空望远镜计划等为代表的科研组织模式。其研究特点主要表现为：投资力度大、研究难度高、参与人数多、涉及学科广、研究目标宏大等[1]。"大科学"以其精确的目标指向、注重团体协作和社会需求等特点，成为大型科研项目的主要组织模式，日益成为各国经济实力、科研能力和综合国力的重要标志。

在科学研究模式几乎被"大科学"所统治的时代，"小科学"并未消亡。随着美国国家基金会的成立，"大科学"与"小科学"也发生了相应的变化，各自发挥着重要作用。一方面，"大科学"项目一改其在某些基础研究领域近乎垄断的、全局性科学规划，在部分学科研究领域做出让步；另一方面，"小科学"也不再保持过往的极端个人主义色彩，而逐渐接受国家资助，紧跟政策导向。这一变化反映了当代"大科学与小科学并存"的特征。

当前，科学问题研究的综合性和复杂性显著提升，越来越需要更多人、财、物投入的"大科学"组织实施；而当主要目标是新认识或基础创新而不是增量改进时，"小科学"则发挥着更加重要的作用。研究发现，大型团队倾向于研究热点领域，容易取得高效但通常是短暂的影响，而小型团队倾向于研究非热点领域，发展新的想法，进而产生颠覆性科学和技术[2]。

（二）我国科研组织模式的发展历程

中华人民共和国成立至今，为了符合时代发展要求，我国的科研组织模式历经计划经济时代的研究室管理制、首席科学家负责制，到协同化、集成化组织模式3个阶段。

1. 计划经济时代的科研组织模式

中华人民共和国成立后至改革开放前，科研院所承担的科研工作主要由研究室这个层面完成（也有研究室下设学科组承担一些工作）。科研院所对研

---

[1] 秦熙昊. 公众科学的科研组织模式研究[D]. 天津：天津大学，2016.
[2] FORTUNATO S, BERGSTROM C T, BOERNER K, et al. Science of science[J]. Science, 2018（6379）：1007.

究室负责人进行任命,对重大任务进行统一调配,也根据上级任务为研究室或课题组分配经费。在计划经济时代,科研院所的基本科研组织形式是以研究室管理为主的学科组制度,这种形式在奠定中国自然科学的基础及许多重要国家战略科技任务方面曾发挥了巨大的作用。

2. 首席科学家负责制(PI 制)

1985 年初,邓小平同志在全国科技工作会议上发表了《改革科技体制是为了解放生产力》的讲话,中共中央发布了《关于科学技术体制改革的决定》,宣告中国的科技体制改革全面启动。1988 年,国务院做出《关于深化科技体制改革若干问题的决定》,至此,科研院所开始向所长(院长)负责制全面推进。根据市场经济条件下"经济依靠科技,科技面向经济"的要求,像农村实行联产承包制、企业实行市场化一样,PI 制也从科研项目管理领域扩大推广至科研院所基本科研单元管理中并成为主流。PI 制在科研组织管理过程中具有吸引和培养一批人才、凝练科研目标并提高科研效率、减少行政对科研活动直接干扰的优势。

但随着 PI 制的发展,其在科研组织管理过程中面临的问题也开始显现,主要体现在:PI 制比较习惯于分散、自由的研究探索;学科方向趋同性增加,形成新的浪费和不平衡;研究力量分散和学科交叉少,难以产出大成果;由于监管机制的不到位,存在违法违纪风险。

3. 协同化、集成化科研组织模式

随着"大科学"时代的到来,以及企业在国家创新体系中主体地位的明确,PI 制在一定程度上已很难满足国家重大需求的科技攻关。科学发展的交叉性,科学、社会问题的综合性,要求开展科学研究活动的组织向协同化、集成化、以服务社会经济目标为导向的方向发展。我国已从各方面开展了积极的改革和试点,如教育部实施的高等学校创新能力提升计划(以下简称"2011 计划")就是一种典型的科研组织模式创新。

同时,国家科技管理部门,也开始从局部进行协同化、集约化科研组织方式的探索和创新。"十二五"期间,"863"计划、支撑计划实行预备项目库制度,也是对项目组织形式向协同化、集成化方向发展进行改革的尝试。"十一五"期间,国家科技计划重点项目和国家科技支撑计划重大项目主要是

以国家科技目标任务的形式下达，并未广泛征集科技任务，也就是国家提出项目任务后寻找项目承担主体和项目主要负责人，由项目负责人分解任务并遴选课题承担单位。改革后，项目征集前仍由科技部统一发布指南，对科学目标的方向进行一定限制，主要针对国家重大需求，科学家在指南范围内提出预备项目推荐建议，由于推荐名额有限，科技部鼓励科学家在提出建议前相互之间进行沟通整合，集中优势力量进行打包，可以避免大量重复推荐项目，同时责任专家在出库时整合项目也能更加方便高效。

2014年，国务院印发《关于深化中央财政科技计划（专项、基金等）管理改革的方案》，将原来的100多个科技计划优化整合形成新五类科技计划。深入推进科技计划管理改革，建立公开统一的国家科技管理平台，减少科技计划项目重复、分散、封闭、低效和资源配置"碎片化"的现象。加强科技计划的专业化管理，政府部门不直接管理具体科研项目，委托项目管理专业机构开展项目受理、评审、立项、过程管理、验收等具体工作，对实现任务目标负责。

（三）我国科研组织模式面临的主要问题

经过多年来的改革与发展，我国在科研组织管理方面取得了显著成效，然而，随着科技体制改革的深入推进，科研组织所存在和依附的外部环境发生了重大变化，其内部的各种弊端和矛盾也日益突出。我国现有的科研组织模式尚处于后工业化时代，科技投入主要以公共财政为主，以企业为代表的社会力量为辅，通过制定规划（计划）、公开发布项目指南、专家评审、项目验收等一系列流程实施科研组织管理。这种组织模式已经越来越难以适应技术、制度等环境的剧烈变化，影响了我国科技创新能力与效率的提升。

1. 科技规划（计划）制定实施

科技规划（计划）是目前落实科技创新活动的主要方式，直接决定着科技基础条件建设、科学研究等环节的效率。目前存在的主要问题包括：一是规划（计划）论证中，对于面向市场应用的内容，产业界的意见难以充分体现，企业代表的参与存在走形式的情况，相应的论证机制不完善。二是规划

（计划）仍存在总体设计分散、目标难以聚焦、技术路线不清晰、研发方案不符合市场需求等问题。三是规划（计划）缺乏对战略目标和技术路线的适时调整，表现为对技术攻关难度、技术发展和市场变化复杂程度估计不足。四是规划（计划）缺乏连贯性。

2.科研项目组织实施

科研项目的组织管理方式直接决定着微观科研活动的产出导向和效率。目前存在的主要问题包括：一是项目指南编制、项目论证对科学界的依赖较大，缺乏产业界的实质性参与，造成项目成果更多体现为论文、专利，无法解决经济发展中的实际问题。二是项目评审过程中，过于看重名气、头衔、职称等因素，容易引发不充分竞争，降低科技创新的效率。项目验收中，评估专家和验收专家的话语权较重，但并不对因其意见所导致的研发后果承担责任。三是项目承担方权责不匹配，导致组织协调困难。项目实施主体单位对整个项目负最终责任，但缺乏经费配置、任务调整的权限，无法根据项目分工进行必要的协调监督，也无权干涉协作单位的研发组织活动，减慢了项目的开展速度。四是项目管理缺乏问责追责机制，权责不清、处罚标准缺失、追责主体不清同时存在，导致一些常规性问题的问责追责存在困难，容易引发管理不到位。此外，科研项目设计之初对产权归属表述模糊，在产生经济效益时容易发生纠纷。

3.微观主体科研组织形态

微观主体如科研院所、企业等的科研组织形态直接关系到创新主体的科研产出能力与效率。目前存在的主要问题包括：一是有一部分科研机构如研究所、国家重点实验室等是围绕单一学科建立的，难以适应当前跨领域、跨学科的发展趋势。二是一些企业和科研机构仍旧延续刚性组织模式，呈现出封闭、独立、线性化特征，无法适应学科间交叉融合及组织内部与外部的互通互联。三是一些企业在组织运行方面采用串行组织模式，将研发过程分成需求分析、结构设计、工艺设计等多个环节，研发活动在各部门之间按顺序进行，每个研发活动完成后再转入下一环节，研发设计流程长、效率低、成本高。四是原有的科研组织不是以任务为导向，围绕某一重大任务开展协同攻关，导致各机构合作意愿不强，影响了科研产出效率。

三、数字化转型引发科研组织模式发生变革

信息通信技术（ICT）是促进组织变革的重要驱动力，马尔泰克定律[①]认为，技术以指数函数变化，组织以对数函数变化。随着时间（X轴）的推进，当指数函数斜率增加并且对数函数的斜率变平时，两个曲线将彼此远离，这意味着组织变化与技术发展的差距随时间变化将不断扩大（图2-1）。

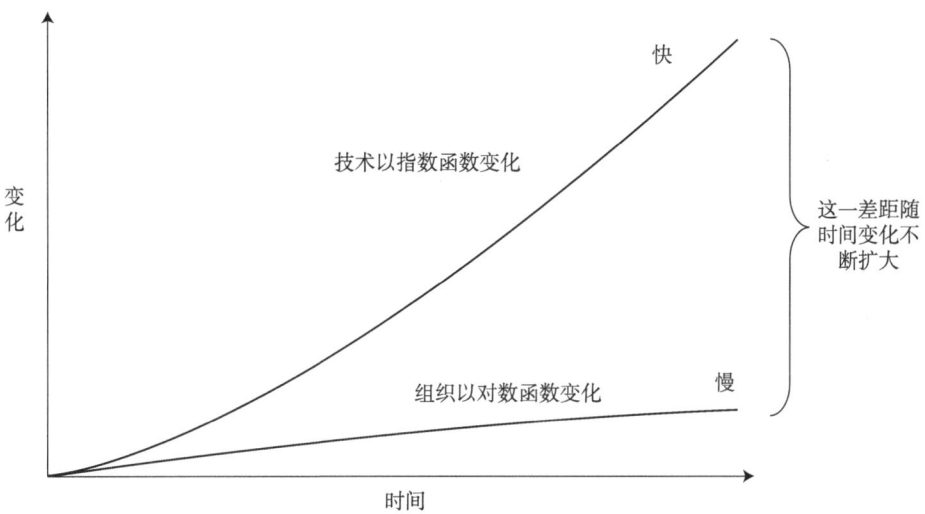

图2-1 马尔泰克定律（Martec's Law）

正如科罗拉多大学布尔德分校的物理学教授阿尔伯特·A·巴特利特（Albert A. Bartlett）所言："人类最大的缺点是无法理解指数函数。"未来，政策制定者需要更加关注技术创新的快速性和制度调整的缓慢性之间的脱节问题。

---

① BRIKER S. Martec's Law: The greatest management challenge of the 21st century [EB/OL]. (2016-08-05) [2018-10-09]. https://chiefmartec.com/2018/10/funny-frustrating-truth-organizations-change-slowly-technology/.

（一）数字化转型对科研组织模式的影响机制

近20年来，不断增长的技术产出持续促进着数字化转型。以ICT领域为例，PCT专利申请量持续增长，特别是我国2019年ICT领域PCT专利申请量达到1999年的524倍（图2-2）。工业时代的组织模式已经越来越难以适应技术的剧烈变化，数字化转型在组织规模、创新要素、研发过程、协同网络等方面深刻引发科研组织模式的创新和变革。

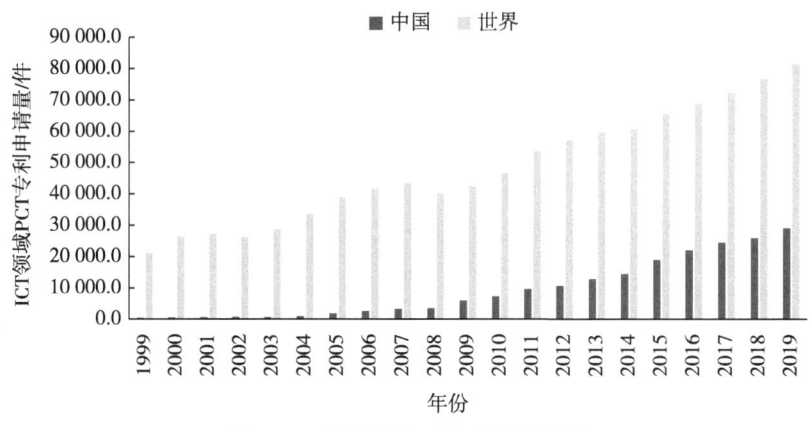

图2-2　ICT领域PCT专利申请量

（数据来源：OECD专利统计数据）

第一，组织规模方面，在"大科学与小科学"并存时代，数字化推动集中研发和分散分布式的研发模式并行发展。一方面，重大突破更依赖于集中的平台研发。物理、信息等各个领域的重大科学活动，越来越依靠重大科技基础设施的支撑。数字技术促使研发活动由精细化的单向组织管理走向趋势化的复合组织管理[①]，对研发过程的整体把控和最终目标提出更高要求，大型集中研发平台将为大规模研发活动的组织和协调提供支持。另一方面，分散分布式的科研活动更为普遍。数字化让越来越多的社会参与者能够以极其方便快捷的方式收集、整理和共享信息和知识，而且他们能够以个体的身份围

---

① 李哲. 大数据将加速形成新的技术经济范式[N]. 学习时报，2015-01-05（7）.

第二章 数字化转型与科研组织模式

绕特定主题参与到研究的策划和实施过程中。相对于当下必须依托高校、科研机构、企业等为主要组织单元申报课题来说，未来类似"公众科学"等以自然人，甚至是混合劳动力为主要单元的、更加灵活多样的组织形式将陆续涌现，更为普遍。

第二，创新要素方面，数据既是科研活动的基础性资源，也是提高资源配置效率的重要工具。一方面，在传统投入要素（如研发人员、经费、设备）基础上，数据价值与日俱增，越来越成为科研活动的最宝贵研究资源。"数据密集型科学"范式（科学研究的第四范式）认为数据是解决复杂科学问题的关键要素，还将引发人类认识世界方法论的变革——数据将越来越从宏观到微观映射物理世界（图2-3）[①]。国际科技界普遍认可数据资源是现代科技基础设施中必不可少的部分，甚至将其视作一种科技基础设施，科研竞争将更多依靠数据优势和将数据转化为信息和知识的能力。另一方面，数字技术推动形成了更加高效、相对公平的资源配置机制。数字化转型的本质是通过数字化手段实现数据的自动流动，寻找事物之间的联系，解决复杂科学的不确定性问题，不断优化资源配置效率。新的信息和知识数字化开放获取模式为各类创新主体提供了更容易、更公平地获取科学信息的机会。例如，OECD研究报告表明，科学数据、信息和出版物的数量呈现迅速增长趋势，普通科学家每年阅读约250篇论文，仅生物医学科学就有超过2600万篇同行评审论文[②]，数字工具不仅可以帮助研究人员更加便利地获取这些科学数据，而且能够帮助他们精确检查和识别伪造数据，这就为优化基础资源配置开辟了新的渠道。再如，公共部门数据库（包括监测数据、试验数据、技术成果、技术交易数据）的构建和使用，能够增强离散数据的集成与可用性，从而为智能决策和科研增值服务提供保障，进而增强整个国家的数字化资源配置能力。

---

① IDM中国领导决策信息中心·大数据战略重点实验室．阿里研究院：下一个10年的智能经济［J］．领导决策信息，2019（6）：26-27．

② OECD. Fostering science and innovation in the digital age［EB/OL］．［2018-05-10］．https://www.oecd.org/going-digital.

科研组织管理数字化转型研究

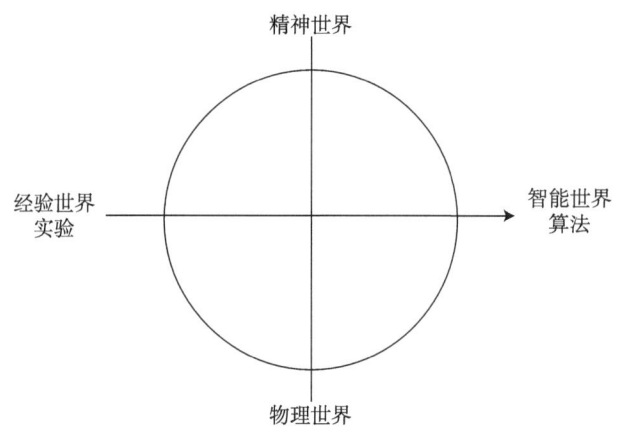

图 2-3 数字经济带来人类认识世界方法论的一次革命

（资料来源：阿里研究院）

第三，研发过程方面，数字化正在改变研发流程，数字转型推动研发周期缩短，组织运行从串行方式向并行方式演进。云计算、大数据、人工智能等技术大幅优化了研发流程，过去耗时几年才能完成的计划周期如今已缩短到几个月甚至几个星期。在对地观测领域，海量遥感数据获取能力和传输速率的提高，以及并行计算、分布式处理和集群计算技术的出现，使规模化、业务化的标准遥感产品的快速处理和生成成为可能[①]。另一个案例是北京旷视科技有限公司采用大数据技术预测分析解决方案，将狗脸识别技术项目的研发周期缩短至两个星期。再如特斯拉汽车直接通过更新软件不断提高整车自动驾驶水平，其软件更新迭代速度较快，与传统汽车长达数年的更新换代形成鲜明对照。研发的快速迭代升级使得传统的串行组织模式难以为继，随着 CAD、CAM、CAPP 等各种软件开发工具及研发管理工具的广泛普及，带来研发流程的重大变革。数字化建模和仿真体系，将传统意义上独立、有序、分散的研发过程在时间和空间上进行重组和优化，推动需求分析、结构设

---

① CODATA 中国全国委员会. 大数据时代的科研活动 [M]. 北京：科学出版社，2018：57.

计、工艺设计等多环节并行进行，研发流程从串行向并行演进[①]。

第四，协同网络方面，数字化转型打破了原有科学领域的边界，万物互联互通推动研发向开放合作发展，组织模式从刚性化向液态化迈进。研发领域的组合式创新将为创新带来新的能量，以智能汽车为例，涉及人工智能、信息通信、卫星定位导航、大数据、云计算等技术的融合与应用，也在与相关产业进行融合发展，汽车产业跨行业、跨产业、跨学科的大协作呈现出前所未有的态势。大批企业的研发活动开始遵循传感器（sensor）、软件（software）和服务（service）的"3S"原则，制造业与服务业创新也正显现出融合的趋势。另外，互联网、物联网的"全球连接"功能促使创新资源的流动性和可用性不断提升，科研分工更加专业和深入，传统的刚性组织模式开始向液态模式迈进。在刚性组织中，任务是根据工作类型和目的进行划分的，各个成员按照分工原则各司其职，呈现出封闭、独立、线性化特征。数字化转型逐渐打破这种边界，无论是学科边界还是组织内部与外部的边界，都在平台的出现后进一步得到突破，使得组织变得液态化，"自由组合、自由流动"，向开放化、合作化、网络化转变。例如，研发众包已成为一种趋势，企业可以通过网络吸取全球智慧来获取技术解决方案。

（二）科研组织模式的改革性启示

马尔泰克定律清晰地解释了数字化转型给组织管理带来的巨大困境与挑战，围绕数字化转型带来的以上变化，有以下几点改革性启示。

一是资助和培养各种规模的团队，将兴趣导向的前沿科学探索与愿景导向的产业技术创新联结起来。在数字化转型背景下，为尽快适应集体攻关的"大科学"模式和分散分布式探索的"小科学"模式，应采取宏观制订计划和微观放宽放活相结合的方式。在关键核心技术攻关方面，重点资助和培养稳定的大型团队，加快形成使命导向的战略科技力量体系。探索项目专员聘用制，允许研究团队自主聘用职业经理人、首席科学家等，集中推进攻关项目的有序实施。在基础研究前瞻性研究方面，可以创新研发组织形式，资助更

[①] 安筱鹏.重构：数字化转型的逻辑[M].北京：电子工业出版社，2019：68.

科研组织管理数字化转型研究

多小型团队，让更多社会公众参与和从事研究与创新工作，如开放解题[①]、科研竞赛[②]、社会化科学观察、科研众包、众筹、基于开放数据的科学研究等[③]，充分借助网络与各类资源建立开放式的动态链接，为提升原始创新能力提供快速、灵活的补充。

二是推动公共财政支持建设的国家重大科研设施与仪器数字化，适应数字转型带来的组织规模和要素资源变化的要求。在数字转型时代，为了进一步加强国家重大科研设施开放共享，减少由于科研基础设施布局分散、重复建设造成的资源浪费，除了要在制度和法律方面推动出台国家重大科研设施与仪器开放共享条例等规章制度外，还需要充分利用万物感知和互联互通的技术特性，探索开展全国重大科研设施与仪器联网行动。建立实时监测系统，对大型科研设施与仪器的使用情况进行实时数据收集与传递，并制定相应的使用效率考核指标。在加强物理基础设施建设与共享的同时，还要加强信息基础设施建设，支持公共科研数据的分享，提高科研活动的整体数字化水平。

三是采取敏捷组织管理方式，对数字化转型引起的各种变化和需求做出快速决策响应。数字化转型是一个具有开放性和不确定性的过程，政府需要变得更灵活，反应更灵敏，通过与专家和利益相关者进行广泛磋商，制定相关科研管理政策。同时，为政策学习和调整留出空间非常重要。不仅要"干中学、学中干，随时调整"，而且有必要对已有政策和措施进行系统检测和评估，以确保定期反馈到政策设计中，用迭代和增量的方式，以小步快跑、高度灵活、频繁互动的方法，逐步建立科研组织管理的评价标准，采取审慎渐进的方式推进组织管理方式改革。

---

① 这一模式起源于剑桥大学数学家 Tim Gowers 开展的一项解题实验，他将一道数学难题发布在自己的博客上，并公开邀请网民一起解答，希望具有不同专长的人参与到解题中来，提供不同视角，彼此启发。
② 科研竞赛模式以竞赛形势组织运行，利用奖金激励网民参与，在数据科学领域有着比较广泛的应用。
③ 樊文强，王志博，韩颖颖．开放式科研模式分析及对高校科研运作的改变［J］．现代远程教育研究，2016（3）：59-68．

四是构建科研管理技术支撑体系,在科技创新方面打造一体化高效运行的"数字政府"。当前,政府部门运用数字化技术提升了公共服务水平,但在科研管理方面尚且缺乏统一高效的技术支撑系统。未来需要在国家科技报告制度、国家创新调查制度和国家科技管理信息系统基础上,汇交集成科技创新的各方面信息资源,以系统工程的理念,形成一套基于统一底层数据库的数据采集、分析和处理的统一平台,开展更有效的科技计划选题与立项管理,持续开展应用建设和数据治理,大幅提升科研管理的信息化、数字化、智能化水平。

第三章

科学数据的开放共享

当前,新一轮信息技术革命与人类社会活动交汇融合,引发了数据爆炸式增长,开启了大数据时代的新航程。据国际数据公司(International Data Corporation,IDC)预测,2025年全球数据总量将达到163ZB,相当于2016年的10倍,同时大数据将继续表现出强健的增长态势。大数据意味着新的科研方法,以数据为中心来思考、设计和实施科学研究的第四范式正在成为一种普遍范式[1]。在新的范式下,科学数据成为科学研究和创新发展的基础性战略资源,加快推动科学数据的开放共享对促进科学研究具有积极而重要的意义。

一、科学数据的内涵及开放共享的意义

(一)科学数据与数据开放共享的内涵

1. 数据的内涵

传统意义上,数据是指人类对事物进行测量的结果。如今,数据的概念有了很多延展。一般而言,数据是指对客观事件进行记录并可以鉴别的符号,是对客观事物的性质、状态及相互关系等进行记载的物理符号或这些物理符号的组合。这些物理符号具有抽象、非随机的特点[2]。从数据的定义来看,数据具有两个基本特征,一个是差异性;另一个是规律性。正因为数据

---

[1] 丁仲礼院士在国际科技数据委员会中国全国委员会编著的《大数据时代的科研活动》一书序言部分的表述。

[2] 中国电子信息产业发展研究院.数据治理与数据安全[M].北京:人民邮电出版社,2019:4.

具有差异性，才有必要对数据进行研究与分析；也正因为数据存在规律性，对其研究才会有价值。

2. 科学数据内涵

科学数据主要指在自然科学、工程技术科学等领域，通过基础研究、应用研究、试验开发产生的数据及通过观测监测、考察调查、检验检测等方式取得并可用于科学研究活动的原始数据及其衍生数据[①]。对于科学研究和国家创新发展来说，科学数据是一种基础性战略资源，开放共享是实现其自身价值与意义的根本途径。

3. 数据开放共享的内涵

一般提到数据开放共享，广义上包括政府与企业之间的数据开放共享，以及企业与企业之间的数据开放共享，而狭义上就是指政府（公共）数据开放共享。数据开放共享的方式主要包括数据开放、数据交换和数据交易。"数据开放"主要是政府（公共）数据面向公众开放，该方式主要适用于非敏感、不涉及个人隐私的数据，并且需要保证数据经过二次加工或聚合分析后仍不会产生敏感数据。"数据交换"主要是政府部门之间、政府与企业之间通过签署协议或合作等方式开展的非营利性数据开放共享。"数据交易"主要对数据明码标价进行买卖。目前，市场上比较多的第三方数据交易平台提供的主要是这种模式。

（二）科学数据开放共享的重要意义

科学数据实现开放共享不仅能够提高科学数据的利用率和价值，在科学研究领域，还可以加快知识创新，适应科研范式的转变，提高科技创新治理能力，从而对建设世界科技强国和支撑现代化经济体系建设具有重要推动作用，具体表现在以下几个方面。

第一，科学数据开放共享是适应科学研究范式转变的必然要求。由于信息技术的影响，科学研究越来越依赖大量、系统、高可信度的数据，进而发展出与实验科学、理论推演、计算仿真这三种科研范式相辅相成的第四种科

---

① 国务院办公厅. 科学数据管理办法［EB/OL］.（2018-04-12）［2019-08-06］. http://www.gov.cn/zhengce/content/2018-04/02/content_5279272.htm.

研范式——"数据密集型科学"。这一范式不仅意味着新的科研方法，而且意味着重要的思维转变，其目标是拥有一个所有科学数据都在线且能够彼此交互操作的世界[①]。因此，科学数据资源被视为一种科技基础设施的观念逐步得到认可，国家层面的科研竞争力将更多取决于数据优势以及将数据转化为信息和知识的能力[②]。在保障隐私和国家安全的前提下，最大限度地促进科学数据的流动性和可获取性至关重要。

第二，科学数据开放共享是提高科技创新治理能力的重要手段。在数字化转型的时代背景下，加强科学数据开放，实现数据平台中各类创新主体之间的高效互动，成为提升国家创新体系效能的核心关键。从这一意义上说，科学数据应是流动和开放的，只有打通政府与各个创新主体之间的数据壁垒，连接数据孤岛，促进全社会的共同参与，推动科学数据有效聚合、可用性开发和广泛应用，才能有效地发掘科学数据的潜在价值。

第三，科学数据开放共享为建设世界科技强国提供重要的公共资源。科学数据是一种重要的战略性资源，是支持国家科技长期可持续创新发展的重要信息保障。一个国家的创新能力取决于整个社会获取和利用信息、知识的能力，国家财政资金创造的科学数据应该由社会共享。特别是数字经济时代，科技创新的泛在化特征更加显现，每一个具有科学思维和创新能力的人都可参与创新。我国要真正建设世界科技强国，必须把最新科研成果从少数精英机构中解放出来，让数据、信息和知识及其融汇和再造能力真正转化为全社会，尤其是各类企业、创新性社会机构和创新公民等创新主体的创新利器，进一步夯实世界科技强国建设的根基。

第四，科学数据开放共享是加快现代化经济体系建设的重要基础。当前，国际形势错综复杂，我国经济下行压力加大，现代化经济体系建设关键是要以国家创新体系为支撑，抓住以信息化为标志的新科技和产业革命的机遇，加快互联网、大数据、人工智能等与实体经济的深度融合。在数字经济

---

① HEY T, TANSLEY S, TOLLE K. 第四范式：数据密集型科学发现[M]. 潘教峰，张晓林，译. 北京：科学出版社，2012.

② CODATA中国全国委员会. 大数据时代的科研活动[M]. 北京：科学出版社，2018.

时代，要使科技创新在实体经济发展中的贡献份额不断提高，离不开与创新相关的科学数据，如今数据已经成为现代经济时代的"石油"，不仅是一种重要的生产要素，而且可以作为催化剂产生新的生产要素，科学数据已成为全球争夺的重要非典型资源。在合理范围内推动科学数据资源的开放共享，有利于实现新兴技术的飞速发展，在一定条件下转化为推动实体经济的新动能，从而加速推动现代化经济体系建设。

二、中国科学数据的发展现状

随着科技创新投入和水平不断增强，中国已经发展成为国际上推动科学数据资源建设与发展的重要参与者，越来越重视提升科学数据的管理和保存能力，推动科学数据的开放共享。

（一）科学数据的级别与类型

从科学数据的性质来看，大体可以分为3个级别：一是涉及国家安全、个人隐私的保密数据；二是涉及政府政务、影响国家竞争力的内部数据；三是公共财政资金支持产生的、完全不涉及国家秘密和个人隐私的公开数据。按照开放对象来看，可以分为政府相关部门、国内和国外。按照开放收益来看，可以分为无偿和有偿两种形式（图3-1）。

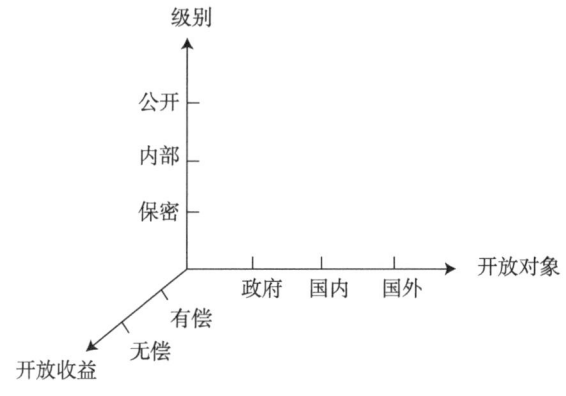

图3-1 科学数据的分级分对象开放示意

科研组织管理数字化转型研究

科学数据根据不同的分类标准可划分为不同类型。例如,从"复用数据"FAIR原则来看,科学数据需满足"可发现(findable)、可访问(accessible)、可互操作(interoperable)和可重复(reusable)"的基本原则,根据这一原则将科学数据依开放状态分为六类,其中元数据、有限开放数据、开放数据和增强版开放数据等四类数据被认为是开放数据的主要形式[①]。从管理主体来看,主要由科学家个人、科研团队和专业机构(数据中心)等行为主体进行管理,不同管理主体的侧重点各不相同。从服务定位来看,包括研究型(科研项目中的数据)、资源型(领域中心的数据)和参考型数据(基础性数据)[②]。从行业领域来看,包括国防军事、食品安全、智慧交通等。在不同分类标准下产生的各类科学数据的开放程度也不同(图3-2)。

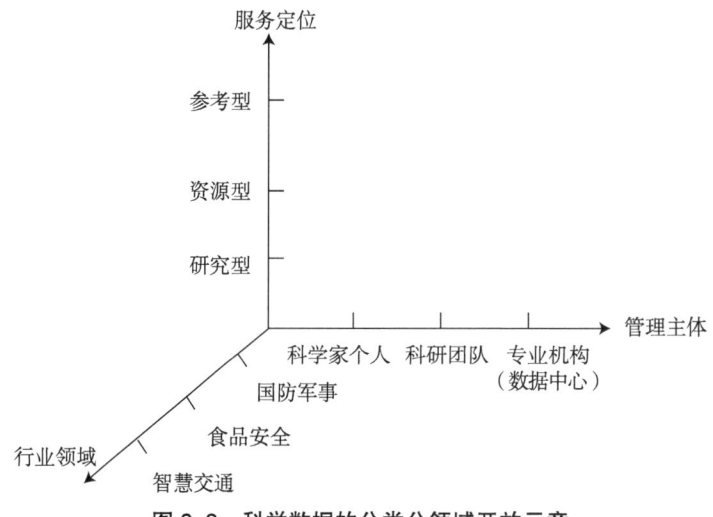

图3-2 科学数据的分类分领域开放示意

---

① 张丽丽,温亮明,石蕾,等.国内外科学数据管理与开放共享的最新进展[J].中国科学院院刊,2018,33(8):774-782.

② 诸云强,朱琦,冯卓,等.科学大数据开放共享机制研究及其对环境信息共享的启示[J].中国环境管理,2015(6):38-45.

科学数据管理主体从个人到团队再到专业机构，专业程度越高开放程度也越高。研究型数据的规模和覆盖范围有限，只能为少量特定的对象开放共享；资源型数据可以对某一领域或学科的组织和机构开放共享；参考型数据是基础性数据资源且规模庞大，开放范围更加广泛。从国防军事、食品安全到智慧交通，行业领域数据的开放程度逐渐提高。

（二）科学数据资源及其分布

目前，中国已经形成了科研院所、高校及国家有关部门为主体，同时囊括企业社会力量参与的科学数据资源生产格局。从20世纪80年代开始积累数据资源，国家科学数据中心的建设带动了优质科学数据资源的统一汇聚和统筹管理，数据规模逐年扩大。据不完全统计，截至2020年年底，20个国家科学数据中心整合的数据总量达到104.1PB[①]。从数据资源的数量来看，国家重大科技基础设施（尤其在高能物理、天文等领域）、长期观测网络（尤其在对地观测、气象等领域）、重大科研项目（尤其在基因组、微生物等领域）等仍是科学数据的主要来源。以中国科学院为代表的科研院所运用先进的管理方式和现代化保存手段在推动科学数据资源积累方面发挥了重要作用。初步建成了超过50PB容量，由分布在全国13个存储节点组成的大型分布式存储系统，专门为科学数据存储、归档保存和异地容灾备份服务。目前已为500多个科研团队和项目提供数据存储服务，每天可实现20TB高速归档或数据恢复。此外，企业云服务已成为支持科研活动的重要组成部分，阿里云从2014年开始在全球布局，已建成覆盖亚太、北美、中东和欧洲等地区的11个地域节点和44个可用区的云服务环境。

（三）科学数据管理的成效与问题

科学数据管理是"一只看得见的手"。通过构建科学数据开放共享的政策体系、加强基础设施建设、推动国际合作等方面对科学数据进行有效管理，

---

① 国家科技基础条件平台中心.中国科学数据资源发展研究报告2022［M］.北京：科学技术文献出版社，2022.

科研组织管理数字化转型研究

中国在提升科学数据的使用价值，支撑科学研究方面取得重要进展，但仍存在一些需要解决的问题。

第一，形成全方位科学数据开放共享政策体系，具体数据开放机制尚需完善。中国对科学数据开放共享的政策及法规日益完善，形成了以各级行政主管部门、机构和行业领域等为主导的科学数据管理体系（表3-1）。自21世纪初开始，科技部就积极推动科学数据管理与共享工作，2001年向国务院提出"实施科学数据共享工程，增强国家科技创新能力"的建议，现已形成一批纳入国家基础条件平台体系的科学数据中心。

近年来，国家对科学数据管理与开放共享的重视程度进一步加强。2015年，国务院发布《促进大数据发展行动纲要》，提出加快政府数据开放共享，推动资源整合[①]。2016年，国家层面相继发布的多项文件中也明确包含了与加强科学数据管理、推动科学数据开放共享和促进科学数据开发利用有关内容，科学数据开始提升至国家战略高度。2018年，国务院办公厅发布《科学数据管理办法》，首次立足国家高度、面向多个领域科学数据，提出开放为主的指导原则，从科学数据采集、汇交与保存，共享与利用，保密与安全等方面对科学数据管理与共享进行规范[②]。目前，北京、江苏、浙江等地区也陆续出台了促进大数据产业和政府信息资源管理的政策。大数据产业相关政策为科学数据发展勾画出蓝图，政务数据则可看作多种社会科学数据的综合体，这些政策对有效管理和繁荣科学数据具有重要意义。现阶段来看，行业领域政策侧重于宏观数据的整体管理，而计划项目政策则侧重于具体单项数据的管理。

[①] 邢文明，洪程.开放为常态，不开放为例外：解读《科学数据管理办法》中的科学数据共享与利用［J］.图书馆论坛，2019（1）：117-124.

[②] 杨咏梅.科研数据开放驱动下高校图书馆学科服务转型研究［J］.图书馆工作与研究，2019（3）：73-77.

第三章 科学数据的开放共享

表 3-1 部分国内科学数据政策汇总[①]

发布机构	政策名称	发布时间
国务院	科学数据管理办法	2018 年 4 月
	促进大数据发展行动纲要	2015 年 8 月
	国家创新驱动发展战略纲要	2016 年 5 月
科技部	科技部 自然科学基金委关于进一步压实国家科技计划（专项、基金等）任务承担单位科研作风学风和科研诚信主体责任的通知	2020 年 7 月
	科技部 财政部关于发布国家科技资源共享服务平台优化调整名单的通知	2019 年 6 月
	国家科技资源共享服务平台管理办法	2018 年 2 月
	国家重点基础研究发展计划资源环境领域项目数据汇交暂行办法	2008 年 3 月
中国科学院	中国科学院科学数据工作要点	2020 年 12 月
	中国科学院科学数据管理与开放共享办法（试行）	2019 年 2 月
交通运输部	交通运输科学数据管理办法（征求意见稿）	2020 年 6 月
国家海洋局	中国极地考察数据管理办法	2018 年 3 月
国防科工局	高分辨率对地观测系统重大专项卫星遥感数据管理暂行办法	2018 年 1 月
国家海洋信息中心	海洋生态环境监测数据共享服务程序（试行）	2015 年 12 月
中国气象局	气象数据管理办法（试行）	2020 年 10 月
	气象信息服务管理办法	2015 年 3 月
	气象资料共享管理办法	2001 年 11 月
国土资源部	国土资源数据管理暂行办法	2010 年 9 月
中国地震局	地震科学数据共享管理办法	2008 年 6 月

---

① 张丽丽，温亮明，石蕾，等.国内外科学数据管理与开放共享的最新进展[J], 中国科学院院刊, 2018（8）：774-782.

科研组织管理数字化转型研究

续表

发布机构	政策名称	发布时间
国家生态系统观测研究共享服务平台	国家生态系统观测研究网络数据管理与共享条例	2013 年 12 月
国家人口与健康科学数据共享平台	中医药科研课题数据汇交管理办法	2007 年 10 月
国家地球系统科学数据共享平台	地球系统科学数据共享联盟章程	2008 年 12 月
	地球系统科学数据共享平台章程	2008 年 12 月

经过十多年的努力，我国出台的政策及法律文件为科学数据的开放与共享提供了规范与保障，但仍存在一些具体问题需要进一步加以解决。其一，我国相关法规默认政府数据为公共资源并要求推动其开放，但缺乏对数据权利、责任和义务的规定，这就造成已经积累数据资源的机构出于观念、利益和安全因素的考虑，不愿意分享自己的数据，加重了"数据孤岛"现象。其二，没有为数据开放的时限问题做出明确规定，影响了数据重复使用的效率，导致公共科学数据开放滞后。其三，没有为科学数据的分级分类开放提供可以参考实施的详细操作指南。

第二，科学数据中心和平台发展迅速，数据管理与应用能力尚待提升。自 2001 年以来，我国开始重视科学数据中心建设，截至目前初步形成了一批有影响力的科学数据中心。2002 年开始实施"科学数据共享工程"，陆续启动气象、测绘、地震、水文水资源、林业、农业、地球系统科学等科学数据共享中心的建设与共享服务试点。2004 年，科技部、财政部联合启动国家科技基础条件平台建设专项，重点推动公共财政在地球系统、人口与健康、农业、林业、气象、地震、基础科学、海洋等 8 个领域建设国家科技资源共享服务平台并持续开展大规模科学数据服务。与此同时，科学数据平台发展与管理工作陆续展开。2011 年，23 个科技平台被认定为国家首批科技基础条件平台；2017 年，28 个国家科技资源共享服务平台通过考核评估，科学数据服务规模稳步扩展；2019 年 6 月，科技部、财政部在原有科学数据类国家科技资源共享服务平台的基础上，进一步形成 20 个国家科学数据中心。2017 年，中国科学院国家天文台、阿里云计算有限公司共建"天文大数据联合研究中心"。中国科学院计算机网络信息中心启动国家发展改革委促进大数据发展重大工程项目"科学大数据公共服务平台与创新应用示范"[①]。总体而言，近年来，我国科学数据中心建设进一步向数字化和网络化发展，建立了大批的科学数据库并实现了整体上网服务。据不完全统计，在各级财政支持下，我国已建成具有一定规模的科学数据库达到1775个。

虽然已在多学科领域建设了一批科学数据中心和大量科学数据库，但不同数据中心所属行业类别、层级机构等纷繁多元，不同管理主体所管理的数据中心侧重点各不相同，服务成效评价仍显粗放。而且，现有的数据管理与应用能力还比较有限，在国际上具有权威优势或较高知名度的科学数据中心和数据库还较少。

第三，以国际数据组织为纽带参与全球交流合作，数据主权建设任重道远。中国通过参与国际数据组织平台建设，在世界科技数据领域日益发挥越来越重要的作用。1984年，我国加入国际科技数据委员会（CODATA）并成立中国委员会及其管辖的10个科学数据协作组[②]。1988年，加入国际科学理事会（ICSU）下设的世界数据系统（WDS，前身为世界数据中心WDC），截至2016年，WDS共收录了19个国家和地区的70个普通数据中心/系统[③]。其中，中国共有9个数据中心/系统加入，数量仅次于美国（22个），表明了中国的科技实力得到国际认可并逐步在世界科技领域扮演日益重要的角色。2007年，启动了由中国科学院领衔的"促进发展中国家科学数据共享与应用全球联盟"计划[④]，后来又促进了"发展中国家数据共享原则"的颁布。2014

---

① 张丽丽，温亮明，石蕾，等.国内外科学数据管理与开放共享的最新进展[J].中国科学院院刊，2018，33（8）：774-782.

② CODATA中国全国委员会[EB/OL].[2018-07-27].http://www.codata.cn/zgwyh/201609/t20160906_4523013.html.

③ 王瑞丹，杨静，高孟绪，等.加强和规范我国科学数据管理的思考[J].中国科技资源导刊，2018，50（2）：1-5.

④ 王祎，华夏，王建梅.国内外科学数据管理与共享研究[J].科技进步与对策，2013（14）：126-129.

年，第一届"中国科学数据大会"召开并形成每年惯例。在战略区域性合作中，中国利用各学科领域科学数据和技术方法，为"一带一路"区域提供科学数据服务，提升我国科技的国际影响力。

但总体来看，我国在国际上的科学数据开放共享活动仍以交流研讨居多，尚且缺乏深入的国际合作实践。与此同时，科学数据主权的流失现象突出，鉴于西方发达国家利用其先发优势及掌握的各种科研成果发表平台，对科学数据造成全球"虹吸"效应，中国科研人员为了在国际学术期刊上发表论文不得不遵循这些国际期刊的要求，纷纷将论文支撑数据提交至国外数据库中。

三、对科学数据开放共享的认识

科学研究的发展迫切需要科学数据开放共享，但科学数据的开放共享并非一蹴而就，需要重点考虑以下几个方面的问题。

（一）科学数据的有效汇聚与保存是实现开放共享的基础

科学数据汇交理念在科技界已经形成共识，完善数据的汇聚和长期保存机制是促进科学数据开放共享的良好基础。面对巨大的科学数据规模，如何采集并进行转换、存储及分析，是科学数据开发利用中面临的巨大挑战。其一，通过建立科学数据采集汇聚平台，拓展科学数据的采集渠道、实现对各个学科领域科学数据的采集汇聚。其二，运用适当的统计方法对数据进行分析，加以汇总和理解并消化，以求最大化开发科学数据功能。其三，保证科学数据的可靠性和可用性。目前，在世界各国的政府（公共）数据开放实践中，数据通常呈现为以电子化、结构化、可机读格式开放的数据集[①]。具体而言，国际上普遍接受的数据开放基本原则（表3-2）包括以下内容。

---

① 数据集是指由数据组成的集合，通常以表格形式出现，每一列代表一个特定变量，每一行则代表一个样本单位。

表 3-2 国际上普遍接受的数据开放基本原则 [1]

基本原则	具体内容
完整的 complete	除非涉及国家安全、商业机密、个人隐私或其他特别限制,所有的政府(公共)科学数据都应开放,以开放为原则,不开放为例外
一手的 primary	开放从源头采集到的一手数据,尽可能保持数据的高颗粒度,而不是开放被修改或加工过的数据
及时的 timely	数据尽可能以最快速度发布,以保持数据的价值
可获取的 accessible	尽可能地拓宽开放数据的用户范围和利用目的
可机读的 machine-readable	对数据进行合理的结构化处理,使之可被计算机自动处理
非歧视性的 non-discriminatory	数据对所有人都平等开放,无须注册登记
非专属性的 non-proprietary	数据以非专属格式存在,从而使任何实体都不能独占和排他

此外,欧美发达国家和国际组织通过建立数据平台、应用数据管理软件、构建数据存储库等方式,有力加强了科学数据的保存和积累。一是发达国家通过构建大批权威、高质量的科学数据平台,保存了大量科学数据。例如,英国数据存储中心(UKDA)、美国国立卫生研究院(NIH)支持建设的蛋白质结构数据库(PDB)和澳大利亚国家数据管理服务平台等,这些国家级数据基础设施为保存和共享数据提供了重要支撑。二是"数据管理计划"(DMP)工具的开发应用为促进数据管理、分享与长期保存,提供数据全生命周期的管理服务带来了便利。截至 2017 年年底,DEMTool 已经在 216 个组织机构中应用,越来越多的科研人员和科研单位开始制定数据管理计划,及时保存了一批来源清晰、质量可靠的数据资源。三是数据存储库

---

[1] 郑磊. 哪些地方开放了真正"能用"和"好用"的疫情数据?[EB/OL].(2020-02-14)[2020-02-15]. https://tech.sina.com.cn/roll/2020-02-14/doc-iimxxstf1458040.shtml.

成为对数据进行集中存储、管理并提供稳定服务的共性平台。为了满足数据存储库建设和发展的要求，国际科学联合会（ICSU）下属的世界数据系统（WDS）推出数据认可印章（DSA）认证标准，提供初步的可信数据库评价标准。

（二）明确科学数据的产权归属是实现开放共享的前提

科学数据的开放共享不是无条件的，必须遵守一定的规则，这个规则就是数据权属[①]。科学数据从生产、管理到共享等不同阶段的权利应该合理划分，明晰数据的权属关系和加强产权利益保护是科学数据开放共享的前提条件。数据交易的本质，就是对数据的产权，即数据的拥有权、使用权、收益权等权利的转让。而转让产权的前提就是对数据的产权进行清晰界定，从而规范数据交易的市场秩序。从本质上看，产权界定是一种制度性的安排，通过这种制度安排可以明确权利的边界、进而规范数据交易行为和交易市场，为执法和司法部门确定交易是否超出"权利边界"提供依据。但是由于数据与其他财产不同，其全生命周期存在多个参与者，且每个参与者在各自环节都对数据价值做出了相应的贡献，因此赋予某一参与者专属、排他性所有权不可行，数据的各类具体权利需要在各参与者之间进行协商划分。

对于收集何种科学数据，数据本身的法律性质是什么，通过什么样的方式保护科学数据，这些问题目前还存在争议。我国的《中华人民共和国个人信息保护法》《中华人民共和国保密法》《中华人民共和国政府信息公开条例》等信息管理法规与数据开放之间还缺乏有效衔接。世界各国都高度重视数据蕴含的价值，根据新的形势对科学数据的权属作出了一些新的规定。例如，《德意志联邦共和国基本法》确立了"科学研究自由"的原则，科学研究中产生的数据属"自有产权"范畴，归相关研究机构或/和相关研究人员所有。德国在国家层面没有一个中央机构来统筹管理科学数据，反之数据拥有者可在相关法律框架内行使对科学数据的最终处置权，这一原

---

① 国务院发展研究中心创新发展研究部. 数字化转型：发展与政策[M]. 北京：中国发展出版社，2019：95.

则普遍适用于国家财政支持或经济界资助的研究项目所产生的科学数据。澳大利亚政府在实施澳大利亚南极战略及20年行动计划时生成或收集的数据和实物样品都属于澳联邦的财产，数据产品的衍生产品由创建者所有，所有数据资源用户都应通过正式的引用或合作者的身份承认数据的知识所有权。

（三）识别科学数据开放共享的范围边界至关重要

科学数据的开放共享有其一定的范围边界，既应最大程度发挥科学数据的研究价值，又需要保护数据所有者的利益不受侵犯。特别是涉及个人隐私、国家安全和机密，以及商业力量主导产生的科学数据，有必要尊重数据保密等合法要求，平衡、适度地开放。科学数据不仅包括政府（公共）数据，还包括企业数据和个人数据，政府机构之间及整个公私伙伴关系之间科学数据共享的增加会产生数字安全漏洞和对个人隐私的担忧。尽管数字化在改善公共政策环境方面的潜力巨大，但这更需要把握好增强科学数据共享所带来的更广泛的公共利益与保护个人和组织隐私间的平衡关系。

英国皇家学会在《科学是开放事业》中明确指出，科学开放边界的制约因素包括商业利益、隐私保护和公共安全等，追求隐私保护与信息价值的平衡是政策制定的核心点（图3-3）。2017年1月，欧盟发布的《打造欧洲数据经济》提出了针对非个人的和计算机生产的匿名化数据设立数据产权，即数据生产者权利，鼓励（涉及公共利益时强制）公司授予第三方访问其数据，促进数据交流和增值。对于涉及公共利益的商业数据，欧盟委员会提出数据生产者应当许可他人访问数据的特殊机制。包括公共机构可通过获取第三方"涉及公共利益"的数据库信息，并借此改善公共事业的发展等。2018年5月25日起正式实施的欧盟《一般数据保护条例》（General Data Protection Regulation，GDPR），从数据收集、存储、处理、跨境传输等各个环节，对个人享有的数据权利和操作都做了详细规定，旨在保护数据时代的欧洲公民免于隐私数据泄露。该条例赋予用户的权利包括7个方面，即数据访问权、数据纠正权、被遗忘权、限制处理权、可携带权、自主决定权及拒绝权等，被视为近20年来最严格的数据保护法案。可以说，科学数据开放的边界是一个兼顾开放与保护的动态变化过程，如何寻找合理的平衡点将持续成为科学数据开放共享的焦点和难点。

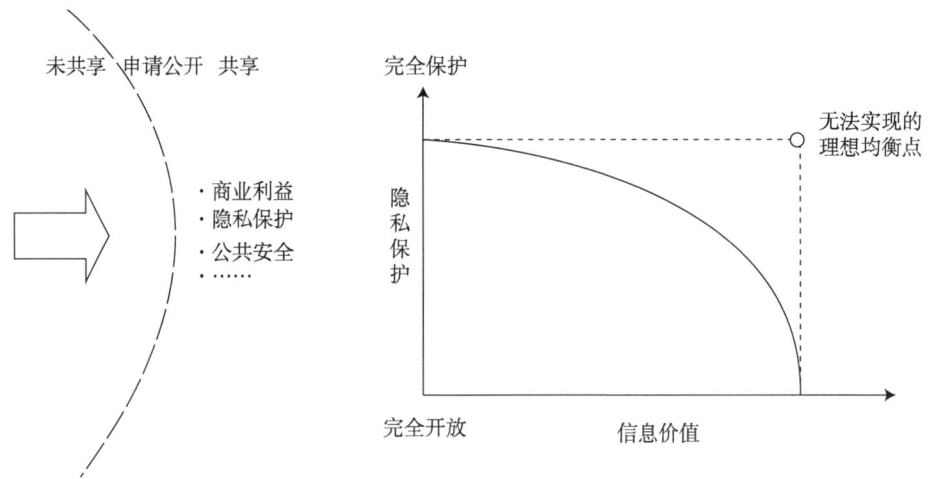

图 3-3　隐私与科学数据价值的价值平衡曲线①

（四）建立广泛的国际合作是科学数据开放共享的根本途径

科学数据的管理与共享需要加强国际协调与合作。对于符合隐私、安全与社会公共利益诉求的数据资源，应该加大开放共享的范围，建立广泛的国际合作，通过多元化用户群体的深入应用和交互反馈来不断提升数据质量。这种国际合作包括在宏观层面进行战略规划和合作，建立和提供国际网络基础设施；在微观层面鼓励全球科学家更广泛地参与科研全过程，从议程设置到合作研究、传播科学信息等。特别是在公共卫生领域，改善国际和跨地区合作尤为重要，由于人类和微生物在不同司法管辖区之间的流动不断增加，因此迫切需要交换和共享公共卫生数据，各国的疾病预防控制中心也需要建立依靠数据的跨地区和跨部门健康信息共享协议。例如，2013 年，Hay 等提出了传染病在空间上连续的地图，并使用机器学习元素

---

① The Royal Society. Science as an open enterprise［R］. London：The Royal Society Science Policy Centre, 2012.

获得实时发生数据，不断更新和获得新的数据地图。此类方法已用于调查使用 Google 趋势或 Google 查询数据来衡量流感传播的潜力[①]。科研人员采用了类似的方法对 2014 年埃博拉疫情在西非的传播进行建模，利用与当地手机运营商达成协议收集的手机数据，科研人员绘制了区域人口迁移图。这使公共卫生官员可以根据与暴发地点的联系来预测哪些地方可能面临新的暴发风险[②]。

目前世界上已有的一些国际性的科学数据合作组织和计划包括：1996 年，国际科技数据委员会（CODATA）成立，它是国际科学理事会（ICSU）下属一级学术机构，目前主要在数据政策研究、跨学科数据互操作与集成、非洲开放科学平台及数据培训等方面发挥重要作用。2013 年 3 月，欧盟委员会、美国 NSF 和美国国家标准与技术研究院、澳大利亚工业、创新与科学部等共同组建了研究数据联盟（RDA）。欧盟委员会发布的《开放数据：创新、增长和透明治理的引擎》要求欧盟及其成员国建立相关的法律机制并采取相应的财政措施，促进成员国在开放数据领域的广泛合作[③]。

四、构建中国科学数据开放共享体系的建议

面向中国庞大的科学研究体系，充分考虑科学数据各利益相关群体合理需求，亟须推动科学数据管理和开放政策向纵深发展，构建各类创新主体广泛参与的科学数据开放共享体系，适应数字化转型背景下科研组织模式的变化。

---

① PREIS T, MOAT H S. Adaptive nowcasting of influenza outbreaks using Google searches［EB/OL］.［2020-08-09］. http://dx.doi.org/10.1098/rsos.140095.

② OECD. Using digital technologies to improve the design and enforcement of public policies［EB/OL］.［2019-02-10］.https://www.oecd-ilibrary.org/science-and-technology/using-digital-technologies-to-improve-the-design-and-enforcement-of-public-policies_99b9ba70-en.

③ 王卷乐，王明明，石蕾，等.科学数据管理态势及其对我国地球科学领域的启示［J］.地球科学进展，2019，34（3）：306-315.

（一）加强科学数据的保存、积累和分析挖掘

在合理借鉴发达国家数据保存经验基础上，加强公共财政支持产生的科学数据保存和规范管理。国家财政资金支持的科研机构应在项目管理政策中引入数据政策，要求项目申请书包括数据管理计划和对项目所产生的数据进行规范保存和适时开放的承诺。将数据保存和管理计划及开放共享承诺的执行情况纳入科研项目管理政策制度。进一步探索科学数据存储、挖掘、分析等新技术的应用，推动不同学科之间科学数据的综合交叉使用，提升科学数据重复使用的效率和水平。此外，相关部门需要加快制定科学数据的有关标准，探索建立符合中国国情的科学数据标准体系。

（二）对科学数据权利进行合理界定和有效保护

对个人数据、公共数据和商业数据的权利进行分类界定和保护，构建一个安全、自由的科学数据流通环境。将公共科学数据设定为国家所有模式，通过法律法规明确政府对公共科学数据的管理、使用权利，保护和开放的责任与义务，以及公众对公共科学数据的使用权利和义务，使得公共科学数据的权责利清晰且具可操作性，有效促进公共科学数据实现最大程度的开放。赋予非个人商业科学数据生产者所有权，明确规定数据企业的科学数据权利，即对企业合法创造的科学数据享有支配权利，鼓励企业收集、存储和利用科学数据，促进科学数据的流通和应用。通过深入研究，进一步明确数据使用、数据隐私保护、数据引用等关键问题，促进共享主体、共享范围多元化。

（三）逐步推动科学数据的分级分类开放

充分遵循"开放为常态、不开放为例外"的基本原则，探索科学数据的分级分类开放模式，对科学数据进行标准化、精细化管理，提升开放科学数据的质量。具体来说，对于涉及国家秘密和个人隐私的数据，建立数据保护指导性规范，采取禁止开放的方式；对于公共财政支持产出的、不涉及国家秘密和个人隐私的科学数据，采取无偿向国内外开放的方式；对于需要深度

分析和再加工、具有更高价值的衍生数据，采取有偿开放的方式；对于公众迫切需要的、对国家产业发展不形成竞争威胁的领域，如交通、环境、农业等科学数据采取立即或在短期内开放的方式；对于参考型、资源型、专业机构产生的及 Web 科学数据逐步加大开放力度。

（四）提升科学数据开放共享的国际合作实践

要进一步拓展科学数据国际合作方式和渠道，主动参与开放共享活动，把握数据开放共享的主动权。通过参与相关国际组织和会议及国际科学数据平台建设，加强我国在科学数据资源方面的贡献程度，扩大我国科研成果的竞争力和影响力。采取多种激励措施，促进科研人员与出版商、数据中心、图书馆之间的合作，推进跨境科学数据流动制度接轨。加强具有自主知识产权的第一手高质量数据及高水平衍生数据的生产、管理与开放共享，提升国际化交流与推广水平。探索与国际科学数据基础设施及服务网络的合作，实现与国际数据服务网络的互联互通、资源交换与服务共享。

第四章

加强我国数据资源布局

数据是国家基础战略性资源和重要生产要素，当前正在成为影响全球竞争格局的关键力量，数据资源之争可能成为决定大国博弈走势的战略制高点。习近平总书记主持中共中央政治局第三十四次集体学习时强调，"要站在统筹中华民族伟大复兴战略全局和世界百年未有之大变局的高度，统筹国内国际两个大局、发展安全两件大事，充分发挥海量数据和丰富应用场景优势，促进数字技术与实体经济深度融合，赋能传统产业转型升级，催生新产业新业态新模式，不断做强做优做大我国数字经济"。这对大国博弈背景下加强数据资源布局提出了新的战略要求。

一、数据资源掌控能力成为大国博弈的焦点

大数据是以容量大、类型多、存取速度快、应用价值高为主要特征的数据集合。数字技术进步和应用场景拓展所产生的大数据，成为引领未来科技创新的重要力量。从创新体系视角来看，数据可以促进各类创新主体加速互动，推动各类资源要素快捷流动，加快组织模式和管理方式变革，进而提高国家竞争力，从而创造巨大的经济和战略价值（图4-1）。大国竞争的焦点在于数据资源整合共享、数据跨境流动，通过强化各自对数据的掌控力量，扩大对全球数据驱动型经济和网络空间数据主权的影响。具体表现如下。

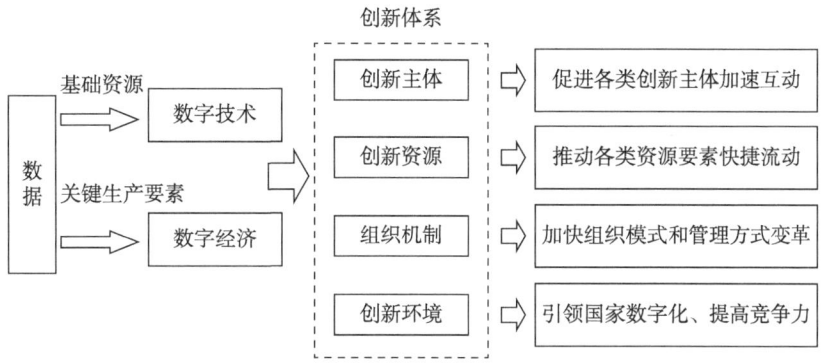

图 4-1 数据影响科技创新的机理分析（创新体系视角）

（一）中美在全球数字经济及其技术竞争中处于"第一世界"

从技术革命周期看，世界正处于第五次技术革命的下半期，美国在数字核心技术创新和理念塑造方面处于领先地位，中国则在数字应用方面快速追赶。从数字经济规模上看，当前呈现"三个世界"的分化趋势。根据对 2020 年数字经济的规模测算，第一世界是美国和中国，美国为 13.60 万亿美元，中国为 5.4 万亿美元。第二世界是德国、日本、英国，规模分别为 2.54 万亿美元、2.18 万亿美元和 1.79 万亿美元。此外，法国、韩国、印度、巴西等 27 个国家数字经济规模在 500 亿美元以上。剩余国家是第三世界，目前规模都小于 500 亿美元。从数据科研上看，根据 web of science 数据库收录的 SCI 论文数据统计，2012 年至 2020 年 10 月，中国和美国是大数据相关论文发表最多的国家，分别为 18 216 篇和 16 241 篇，占大数据相关论文总量的 28.14% 和 25.09%。从数据跨境流动上看，在数据驱动的数字经济领域，出现了一种新的国际中心—边缘模式，即美国和中国处于中心，世界其他地区处于外围（表 4-1）。从对外数据战略上看，美国和中国凭借数字技术优势，通过帮助发展中国家建设基础设施、制定全球数据技术标准等方式扩大市场和主导权。由于中国的快速追赶态势愈发明显，数据资源与尖端科技成为中美大国博弈的关键领域。

表 4-1 根据发展水平和跨境数据流对国家或地区进行分类

发展水平	数据流入	数据流出
发达国家	拥有占主导地位的国际在线平台（DIOP）和领先的高科技产业和人才（LHTI）的大国 ——美国	没有占主导地位的国际在线平台（DIOP），但有领先的高科技产业和人才（LHTI）的国家和地区 ——欧洲联盟 ——日本 ——英国
发展中国家	拥有占主导地位的国际在线平台（DIOP）和领先的高科技产业和人才（LHTI）的大国 ——中国	没有占主导地位的国际在线平台（DIOP），但有领先的高科技产业和人才（LHTI）的大国 ——印度 没有占主导地位的国际在线平台（DIOP），也没有领先的高科技产业和人才（LHTI）的大国 ——印度尼西亚 没有占主导地位的国际在线平台（DIOP），也没有领先的高科技产业和人才（LHTI）的小国 ——撒哈拉以南非洲国家

（二）政府强化数据开放共享并扩大科学数据控制权

美国通过"自上而下"的系统化布局，加强数据整合共享。一是将数据高效开发利用提升至国家战略高度，以支撑经济社会转型发展。美国对数据的认识正在经历从技术、资源、资产到资本的深刻变化，形成了从发展战略、法律制度到行动计划在内的一系列布局，已实施包括《联邦数据战略》等在内的五轮政策行动。此外，看似与数据不相关的经济政策内核也是通过构建法制体系来保护或获取商业数据。二是依靠权威科学数据中心，持续虹吸全球科学数据资源。美国长期支持科学数据中心建设（表4-2），通过科学数据出版、权威期刊联盟、可信认证等"高门槛"举措，在生物、空间、海洋、地震等学科领域，有效汇聚全球科学数据资源，研究制定标准化的科学数据收集、存储和管理方案，扩大科学数据控制权。

表 4-2　部分领域全球知名科学数据中心[①]

学科领域	数据中心	所属国家
生物	美国国立生物技术信息中心（NCBI）	美国
	欧洲生物信息学研究所（EBI）	欧洲
	日本 DNA 数据库（DDBJ）	日本
	组学原始数据库系统（GSA）	中国
微生物	世界微生物数据中心（WDCM）	中国
空间	国家空间科学数据中心（NSSDC）	美国
天文学	法国斯特拉斯堡天文数据中心（CDS）	法国
	加拿大天文数据中心（CADC）	加拿大
大气	世界温室气体数据中心（WDCGG）	日本
海洋	美国国家海洋数据中心（NODC）	美国
	美国国家海洋和大气管理局（NOAA）	
地震	美国国家地震信息中心（NEIC）	美国

（三）美欧在限制数据出境基础上加强跨境执法

当前，美欧在跨境数据流动规则制定中占据领先地位。美国打造具有本国烙印的游戏规则，支持自由的数据跨境流动，以确保美国企业进入外国市场，使外国数据流入美国，通过政策限制外国数字企业进入美国市场，防控国内数据外流；同时，凭借已有技术经济和数据市场优势，对全球数据实施长臂管辖。一方面，为防止行业恶性竞争、隐私泄露和国家安全受到威胁等，对内反对科技巨头互联网平台"双重垄断"，即表面是某一商业领域的垄

---

① 国家科技基础条件平台中心.国家科学数据资源发展报告.2019［M］.北京，科学技术文献出版社，2020：4.

断，实质上是对数据的垄断，对特定涉及国防和国家安全的数据采取限制性措施。另一方面，为寻求在尖端科技领域的长期霸权，着重打击中国高技术行业、5G核心竞争领域等，对外实施基于"自由秩序"、国家利益的高技术行业数据长臂管辖。例如，2021年4月，美国商务部打压我国的国家超级计算济南中心等7个中国超算实体。欧盟则倾向在保持高度隐私、安全和道德标准的前提下，推动单一数据市场的构建。欧盟颁布《通用数据保护条例》（GDPR）、《关于非个人数据自由流通的规定》（FFD），以及实施一揽子数据战略，加强成员国之间的数据共享，平衡数据的流通与使用，以打造欧洲共同数据空间。

二、我国数据资源布局存在的短板与不足

我国已经对数据资源进行了一系列超前布局。例如，2015年8月，国务院印发《促进大数据发展行动纲要》，对我国大数据整体发展进行了顶层设计和系统布局。2016年3月，《中华人民共和国国民经济和社会发展第十三个五年规划纲要（2016—2020年）》正式提出"实施国家大数据战略"。2015年以来，我国数据规模年均增速超过30%，预计到2025年将增至48.6ZB（十万亿亿字节），成为数据量最大、类型最丰富的国家之一。然而，随着大国博弈日趋激烈，我国在数据资源体系化布局与数据跨境流动规则制定方面仍存在短板和不足。

（一）我国科技创新数据资源布局分散，体系化能力欠缺

我国政府、行业部门等都积累了大量科技创新数据，但这些公共数据在部门内部及部门、区域、行业等之间尚未达到完全共享，"数据孤岛"现象依然存在，数据资源流通活力不足。大量政府科技创新数据资源，如技术成果、技术交易、工程中心和重点实验室等数据还在沉睡。由于缺乏顶层统筹部署，数据标准化、规范化不够，很难按需整合。各机构专有数据库无法有效联通对接，从而导致项目选题分散重复，资源浪费，聚焦国家战略需求不够，无法形成体系化力量。

（二）我国数据中心规模落后美国，建设布局存在两大问题

我国数据中心从2015年的124万家增长到2020年的500万家，但是，我国大型数据中心建设与美国相比存在较大差距。根据Synergy Research研究数据统计，在全球大规模数据中心中，美国占比44%，中国占比8%，日本和英国分别占比6%。此外，我国数据中心建设布局存在两大问题。其一，地区供需失衡。东部发达地区数据中心供给不足与西部地区供给过剩形成结构性矛盾。东部地区由于经济发展较快，对数据中心需求量较大，但能耗指标严重紧张，难以支撑大规模数据中心落地；西部地区可再生能源丰富，能耗指标相对充裕，但跨省数据传输成本过高等问题，影响了"东数西算"工程的推进。其二，行业孤立发展。各行业纷纷建设数据中心，但互不联通，出现了"数据中心孤岛"和"云孤岛"等苗头，亟待加快推动数据中心、云、网络之间的协同联动，提高数据资源利用率，支撑科技创新发展。

（三）我国跨境数据流动不畅，拉大中美科技创新差距

我国在跨境数据流动规制方面顶层设计不足，国外跨境数据流动监管造成的壁垒在一定程度上延缓了我国科技创新发展进程。一是在科学数据方面，我国许多高价值的科学数据并未在国内得到充分共享和使用，而是流向国外。国际上很多有影响力的杂志要求科研人员在发表论文时，必须提交支撑论文的相关科学数据，但如果科研人员在国内没有进行数据汇交，完全优先流向国外，这就会造成我国科学数据的流失。例如，我国大量的基因测序数据都汇集到欧洲、美国和日本的数据库。二是在商业数据方面，美欧等网络技术成熟的发达国家凭借技术优势垄断网络规则制定权，推行体现本国价值理念的数据治理主张，给我国数字企业带来巨大挑战。当前，我国的数据跨境传输需求量较大，在美欧对我国形成"规则围堵"之势的情况下，如何通过可操作性强的跨境数据流动规制应对发达国家管辖带来的挑战，赋予我国企业充分的数据合规动力，进而使其更顺利走向海外，成为当下亟须解决的问题。

三、加强我国数据资源布局的政策建议

在大国博弈背景下,我国要辩证看待和吸取美欧数据资源布局的经验,面向"十四五"构建双循环新发展格局,准确评估数据资源获取、保护与使用带来的机遇与风险,以数据资源的系统化布局赋能经济社会发展与维护国家安全。

第一,加快数据资源整合共享,通过打造国际化科学数据中心、牵头组织国际大科学计划和大科学工程等,汇集全球数据资源。我国要在数据资源领域进行适度超前布局,面向国家科技创新和学科领域发展的重大需求,建设国家科学数据中心,合理汇聚并规范管理科学数据资源。推动基础较好、条件有利的国家科学数据中心,打造成国际化科学数据资源中心、数据产品研发中心和数据服务中心。鼓励创新主体对数据进行分析挖掘,形成有价值、可推广、可交易的数据产品,特别是推动更多企业利用大数据创造新应用场景。大力推动科研项目管理与科学数据管理有效融合,努力建设高端平台,聚集全球数据资源。

第二,坚持多方协同联动,优化数据中心战略布局,引导数据资源与地区优势和需求相结合。国家数据中心应围绕国家战略需求,形成自主可控的数据管理与应用生态。区域数据中心布局需进行整体统筹规划,加快推动"东数西算"等统筹协调机制,紧密切合本地优势资源、特色产业,尽可能充分发挥数据中心效能。对东部发达地区,特别是北上广深等一线城市,应协同考虑城市内部与周边地区数据布局,以满足重要区域发展战略需求;同时要加大数据中心在西部的布局,特别是建立适合发展的存储类数据中心,努力增加可再生能源的使用比例,推动东西部形成高效互补机制。

第三,合理设定数据监管目标优先级,形成自主可控的科学数据管理与应用生态。努力寻求公共部门、个人和企业利益同时最大化的边界,根据国家战略需要,合理设定经济发展、隐私数据保护及国家安全保障等相关数据监管目标的优先级。在合法合规前提下,促进数据的开放共享和分析利用。科学数据工作应优先以满足国内需求为重点,形成自主可控的科学数据管理

与应用生态。科学数据在开展国际合作或随论文等形式提交至国外机构前,应先提交至国内科学数据中心。

第四,积极探索制定数据跨境流动规则的中国方案。一是在安全可控前提下,积极促进数据资源开发利用的国际合作,更为主动地参与国际数据规则议题的谈判,分类分级建立和完善数据跨境流动监管制度,健全灵活多样的管理制度体系,推动数据驱动创新合作。抓住数字经济发展契机,推出多边机制下的跨境数据流动监管框架和规范文本,依托"一带一路"等合作框架,建立数据流动的协议与标准,通过开展双边合作、多边合作等方式,促进数据互联互通。二是探索科学数据跨境流动的市场化解决方案。在符合《中华人民共和国数据安全法》《中华人民共和国个人信息保护法》等相关法律法规的前提下,探索基于市场的科学数据国际合作新机制。

第五章

我国政府科研管理的数字化转型

以数字化、网络化、智能化为特征的新一代信息通信技术（ICT）不仅对经济社会、企业和科研机构的研发组织模式产生重要影响，同时也对政府科研管理提出了更高要求。党的十九届四中全会明确指出，"要推进数字政府建设，加强数据有序共享"，强调"健全符合科研规律的科技管理体制和政策体系"。这就需要深入分析政府科研管理数字化转型的重要意义与深远影响，对当前我国科研管理存在的问题提出改革建议。

一、政府科研管理数字化转型的涵义和基本内容

从互联网搜索、电子商务革命、社交网络发展，到3D打印技术出现及人工智能的迅猛发展，数字技术在各个领域的应用逐渐开展。然而，这些变革大多是由企业推动的，数字技术在政府部门的应用速度还没有完全跟上[1]，包括科研管理在内的政府数字化转型已是大势所趋。

政府科研管理数字化转型，是指在政府科研管理的主要业务中，运用现代信息通信技术、数字化管理理念，通过搭建信息系统和共享科研资源，实

---

[1] OECD.Using digital technologies to improve the design and enforcement of public policies［EB/OL］.［2019-02-15］.https://www.oecd-ilibrary.org/science-and-technology/using-digital-technologies-to-improve-the-design-and-enforcement-of-public-policies_99b9ba70-en.

现管理决策、管理架构、管理流程的数字化,从而不断优化组织管理模式、提高科研管理效率和水平的过程。从上述定义可以看出,政府科研管理的数字化转型将是一个漫长而庞大的工程。政府部门的科研管理业务包括对科研计划、设备、经费、人员、项目、成果、论文等各个环节的组织、计划、协调和服务。在这一过程中,面对类型繁多的科研机构每年产生的大量文件和数据,如何利用数字化技术高效规范地将科研活动、管理决策和各种科研信息资源有机组织起来,是政府科研管理亟待解决的问题。本章重点从数据辅助决策、组织架构变革、管理流程重塑、数据开放共享、信息系统建设等方面综合分析政府科研管理数字化转型的基本内容。

二、政府科研管理数字化转型的意义与影响

近些年来,国内外在数字政府建设方面进行了有益探索,从最早使用信息技术辅助政府工作,到大范围、深度信息化改造,再到政府工作的全面数字化,政府数字化水平不断提高。在政府科研管理方面,更加注重运用数据进行科学决策、提倡科研仪器和科学数据的开放共享,不断重塑创新服务价值。科研管理的数字化转型对推进我国政府决策科学化和国家治理体系和治理能力现代化具有重要意义和深远影响。

(一)政府科研管理依靠数据辅助决策更加迫切

数字化时代,跨职能、跨部门的数据流动成为一种常态,以数据驱动为主要特征的数字化手段在改善政府科研管理的宏观统筹协调、创新科研组织模式、优化项目管理流程等方面影响深远。在宏观统筹协调方面,决策分析数据不再局限于政府单个机构和单个部门,而是以全局、整体的思路整合政府的科研部门、人事部门、财务部门、资产管理部门等信息资源,并且通过政府购买服务、协议约定、依法提供等方式对高校、科研院所、企业等科研主体形成的大数据进行分析研判[1],形成高效的联动管理。在科研组织模式方

---

[1] 张于喆.急需关注创新治理的数字化转型[J].经济纵横,2016(5):14-22.

面，传统组织模式将面临更多挑战，需要针对数字化转型带来的新特点不断创新组织模式、提高组织效率，确保在符合科研规律的前提下有力支撑国家重大战略决策。在项目管理过程方面，运用数字化技术优化项目计划编制、实施和验收等基础性流程更加迫切。大数据协同工作标准和自然语言处理能够提供更多更及时的数据，通过链接不同的信息系统数据库，这些工具能转变为科研管理的循证基础，有助于揭示研发经费和实际成果之间的关系。以西班牙国家数字促进部搭建的 Corpus Viewer 平台为例，其利用自然语言处理、机器学习、机器翻译等方法分析专利、论文以及公共资助数据，使政策制定者与实施者能够基于数字化平台进行分析决策[①]。

（二）组织架构逐渐趋向平台化和扁平化发展

进入数字化时代，信息交互、资源配置等方式正在发生变化，从长远来看，政府科研管理组织构架呈现平台化、扁平化的发展趋势。传统的政府组织是在科层制基础上建立起来的，政府科研管理层级化、部门化特征较为明显，而数字化转型有利于改变这一既有模式。政府依托数据开发者打造"科学数据资源服务平台"，将科研人员、资源和数据汇集，用数字技术匹配需求，解决传统科研管理中资源分散、无法有效对接等难题，实现精准化服务。此外，在数字技术的推动下，部门与部门之间、层级与层级之间的信息屏障被打破，信息自不同部门和层级之间流畅地传递和共享，科研管理人员将通过获得相关信息授权，利用源自多个部门的科研项目数据，优化管理构架和流程。美国基于国立卫生研究院（National Institutes of Health，NIH）搭建的科研数据管理服务平台——Federal RePORTER 汇集了各个部门的信息资源，数据来自美国国防部、教育部、农业部、健康与人类服务部、美国国家航空航天局（National Aeronautics and Space Administration，NASA）、美国国家科学基金会（National Science Foundation，NSF）等，以科研项目为单位组

---

① PÉREZ-FERNÁNDEZ D, ARENAS-GARCíA J, DOAA S, et al. Corpus viewer: NLP and ML-based platform for public policy making and implementation [J]. Sociedad Española para el Procesamiento del Lenguaje Natural, 2019, (63) 193-196.

织数据，顺利打通了各个部门之间的数据壁垒，实现数据的高效组合利用[①]。

（三）流程重塑突出"以科研人员为核心"的理念

流程重塑就是政府科研管理服务理念的重塑，无论是管理决策还是资源共享，都应该从理念上进一步提升，逐渐形成大数据思维。当前数字化转型推动科研管理由"以政府为中心"向"以用户为中心"的服务理念转变，强调科研人员才是真正的终端用户，而政府科研管理最终目的也是为了实现广大科研人员需求和资源之间的高效对接。一方面，数字化时代所建立的即时、泛在、准确的信息交互方式，将有助于更快更准地发现和掌握科研人员的需求，实现企业、高校、科研机构、个人等创新主体之间实时有效的互通互联。在这方面，日本 SciREX 政策制定智能辅助系统（SPIAS）打通了不同资助机构的数据与专利、论文、媒体报道等数据，及时为科研人员提供关于科技与创新政策数据的开放获取[②]。另一方面，运用数字技术可以将各种碎片化的资源进行整合，发挥数据整合优势，建设具有最佳用户体验的数字化终端，从而实现"数字管理—全链整合—创新驱动"的实力提升。

（四）科学数据的开放共享将有力激发科研创新

数字化时代的科学研究越来越依赖大量、系统、高可信度的数据，科学数据既是激发科研创新的起点，也是科研活动丰富成果不可或缺的部分。科学数据的开放共享使科研人员、广泛社会公众与个体普遍受益[③]。以公共卫生领域为例，由于人类和微生物在不同司法管辖区之间的流动不断增加，迫切需要交换和共享数据。2014 年，科研人员利用与当地手机运营商达成协议

[①] STAR METRICS. Federal RePoRTER［EB/OL］.（2020-03-06）［2020-04-29］. https://reporter.nih.gov/.

[②] IKEUCHI K. RIETI – Path to a new future of evidence-based policymaking paved by a public data platform［EB/OL］.（2017-01-20）［2020-04-29］. https://www.rieti.go.jp/en/columns/a01_0464.html.

[③] 张丽丽，温亮明，石蕾，等 . 国内外科学数据管理与开放共享的最新进展［J］. 中国科学院院刊，2018.

收集的手机数据，对埃博拉疫情在西非的传播情况进行建模，绘制区域人口迁移图。此次我国在应对新型冠状病毒肺炎疫情中，组织医疗机构、科研院所、企业的联合攻关，共享科研数据和信息，共同研究提出应对策略。

因此，在对科学数据权属进行合理界定和有效保护的前提下，充分考虑科学数据各利益相关群体合理需求，建立各类创新主体广泛参与的科学数据开放共享机制，让科学数据真正流动起来，发挥更大的价值。在数据管理方面，围绕科学数据的全生命周期，可以充分利用数字化手段加强和规范科学数据的采集生产、加工整理、开放共享等各个环节的工作，逐步推动科学数据的分级分类开放。在基础设施方面，通过加快建设一批有重要影响的国家科学数据中心，建设国家和地方科学数据资源服务平台，可以充分调动政府、市场和社会力量，促进科学数据资源的广泛应用。

三、我国科研管理数字化转型的进展和主要问题

近些年来，我国在运用数字技术推动科研管理数字化转型方面积极探索，在转变政府职能、数据整合共享、基础设施建设等方面取得了很大进展，不断完善我国科技管理体制，但同时也还面临着一些主要问题。

（一）推动政府科研管理改革的主要进展

第一，政府职能正在逐步由研发管理向创新服务转变。《中共中央关于制定国民经济和社会发展第十三个五年规划的建议》提出"推动政府职能从研发管理向创新服务转变"，转变政府职能，强化创新服务，是我们当前和今后一个时期的重大任务[①]。近年来，政府在简政放权、科技计划和项目资金管理改革、科技资源开放共享等方面出台了一系列文件，制定了一揽子政策措施，加快科技创新治理体系的结构优化和制度完善，促进创新要素的高效流动和有机组合，以释放全社会的创新潜能。例如，在科技计划管理改革方

---

① 王志刚.推动政府职能从研发管理向创新服务转变［EB/OL］.［2015-11-16］. http://cpc.people.com.cn/n/2015/1116/c64102-27821396.html.

面，国务院发布了《关于深化中央财政科技计划（专项、基金等）管理改革的方案》，明确要求政府部门不再直接管理具体项目，而是抓战略、抓规划、抓布局、抓监督，主要负责科技计划（专项、基金等）的宏观管理。科研项目的具体管理工作由规范化的专业机构负责，专业机构将采取事业单位法人治理结构。建立部际联席会议制度，建立由科技部门牵头，财政、国家发展改革委等相关部门参加的科技计划（专项、基金等）管理联席会议，加强统筹规划，共同制定议事规则。

第二，初步形成多主体、多要素的协同创新格局。一方面，不断健全产学研用协同创新机制。产学研合作载体建设持续增强，互动机制不断创新，面向战略性新兴产业发展和传统产业改造升级的重大需求，我国积极推动企业主导的产业技术创新战略联盟建设，依托联盟开展产业共性技术研发、技术标准制定、成果转化推广应用。鼓励企业与高校、科研院所共建一批面向市场需求的联合实验室、中试基地、专利池等合作载体，形成产学研联合攻关、优势互补、利益共享、风险共担的长效机制。另一方面，稳步加强中央与地方协同联动。围绕国家战略需求，加强部省会商，集成国家和地方科技资源，推动实施差异化的区域政策，更加注重从单纯项目支持向政策、项目、平台基地、改革试点等多方面推进转变。自然科学基金会与企业、行业、科研机构、地方等建立联合基金，推动研究资源共享，促进知识创新与技术创新衔接。

第三，通过构建科技创新治理重大基础性制度积累了大量科技基础数据。近年来，我国逐步建立了国家科技报告制度、全面实行国家创新调查制度，促进大型科学仪器设备设施和国家科技基础条件平台开放共享。通过多年积累，形成了大量的科技报告、创新能力监测与评价报告、重大科研基础设施和大型科研仪器等大量科技基础数据。例如，截至2017年，国家科技报告服务系统上线报告总数量已超过10万份，点击量超过8760万次，成为科技人员、社会公众获取科研项目和成果信息的重要渠道。建成重大科研基础设施和大型科研仪器国家网络管理平台，发布共享重大科研基础设施58个，大型科研仪器4.6万台（套）。同时，也通过国家科技管理信息公共服务平台承载各类面向专业机构、评估机构、评审专家、科研人员、社会公众的服务模块，积累了包括项目管理、信息公开公示、项目申报等相关信息资源。

第四，形成全方位的科学数据开放共享政策体系。近年来，国家对科学数据管理与开放共享的重视程度进一步加强。2015年，国务院发布《促进大数据发展行动纲要》，提出加快政府数据开放共享，推动资源整合。2016年，国家层面相继发布的多项文件中也明确包含了与加强科学数据管理、推动科学数据开放共享和促进科学数据开发利用有关内容，科学数据开始提升至国家战略高度。2018年，国务院办公厅发布《科学数据管理办法》，首次立足国家高度、面向多个领域科学数据，提出开放为主的指导原则，从科学数据采集、汇交与保存，共享与利用，保密与安全等方面对科学数据管理与共享进行规范。

（二）当前科研管理数字化转型面临的主要问题

第一，尚未形成"数据驱动"的管理文化。制约政府科研管理数字化转型进程的也许从来不是技术难点，而是业已形成的管理文化理念。管理文化是各类管理思想和实践能否成功推行的基础，很多时候组织变革遭遇失败，就是管理文化的问题[1]。一方面，我们的政府管理者往往缺乏与数据"沟通"的经验，而更善于与人打交道。具体表现在：各项决策大多凭借长期积累的管理经验，缺乏"用数据说话"的氛围，不善于使用数据、利用数据发现问题和解决问题，这种决策方式不利于决策的精准化和科学性。另一方面，对于科研管理数字化的认识，大多数人还仅仅停留在用计算机系统仿真代替原手工管理系统，即数字化转型的最初阶段——电子化阶段。相对来说，这种认识还十分有限，尚未触及数字化转型的本质，即一整套数字管理方法和管理工具的应用，以数据的自动流动化解复杂系统的不确定性，优化资源配置效率[2]。科研管理的数字化转型之路，也需要和企业管理的数字化转型进程一样，从电子化到信息化，再走向数字化，管理好在各个环节产生的数字资源，真正实现"数据驱动"。

---

[1] 新华三大学.数字化转型之路[M].北京：机械工业出版社，2019.
[2] 安筱鹏.数字化转型的关键词[J].信息化建设，2019（6）：50-53.

第二，数据孤岛、数据割据成为制约瓶颈。我国政府在科研管理过程中积累了大量数据，但这些数据在宏观上还未形成统筹管理。其一，每个机构或部门都有自己的数据存储机构，但这些机构基于各种因素并不愿意分享各自的专有数据。部门和机构之间互不知道各自的运作情况，只有需要时才会共享信息，从而出现了数据孤岛。此外，条块分割及瞻前顾后也是问题所在，这使政府机构和部门之间的数据集成显得更加复杂。其二，各机构科研数据收集统计工作效率较低，数据质量不高、部分历史数据缺失。具体表现为数据没有统一的标准和格式，包括名称不一致、标识不一致、编码不一致等；除涉密科研数据外，统计分析功能仅限于项目确立与申报、科研成果专利录入与维护、科研团队与人员奖惩等数据信息，未能及时统计或关联，从而导致数据割据、碎片化问题。以上问题充分说明数字技术还未能有效应用于我国科研管理工作，我们还缺乏科学理论的指导及充足的技术人才资源。

第三，缺乏统一高效的技术支撑系统。目前积累的大量数据并非"能用好用"，主要存在两方面问题。一方面，对于科研管理人员来说，现有数据尚停留在收集阶段，智能分析和辅助决策功能欠缺。科研管理系统的功能主要集中于项目、经费、成果的录入、修改、查询、报表等基本内容，只能通过简单的统计或排序等功能获得表面信息，隐藏在大量数据中的信息一直没有得到有效应用。由于数据挖掘和分析功能不足，尚不能通过对数据的多角度分析为科研管理人员提供更加丰富和有利的决策支持。另一方面，对于科研人员和社会公众来说，目前政府信息公开提供的大多是文本形式文件，或者是经过归总分析后的统计报告，将数据夹杂在文字中发布。这种方式虽然便于公众阅读和知晓结果，但缺少了用户视角和数据利用思维。对于普通公众来说，他们的需求已经发生变化，不仅想要"知道"，还想对数据做些"利用"；对于专业人士来说，现有数据也不便于被开发利用，如果要对报告中的数据进行处理分析，需要先将数据从这些文字中提取出来，整理成结构化的表格。但是，这些数据并不是细颗粒度的一手数据，数据的利用价值不高。

第四，市场与社会力量参与不够。数字化转型时代，政府、市场、社会合作共治的趋势日渐明显，在科研管理中也要集聚更广泛的市场力量和社会力量，打破传统的封闭式管理模式。如今，新兴信息技术的应用主要掌握在企业手中，政府一般不直接开发平台系统，而是主要进行数据治理和平台常态化监督管理。然而，当前政府更多的是直接控制科技管理信息公共服务平台的访问者，市场与社会力量参与较少，这种方式往往容易导致整体管理受阻。在政府与市场合作新模式方面，还缺乏积极探索，如考虑到数据安全问题，数据中心等新型基础设施建设、科研资源数字化服务外包等业务还没有得到广泛开展。在主动引入社会力量方面，信息化平台建设与应用还没有充分吸引高质量的参与者，"面向用户、需求驱动、应用导向"的基本理念还未形成，用户增长数量和体验效果也未达到理想目标。

第五，引发数字安全与隐私泄露问题。科研管理过程中往往涉及许多保密信息，因为政府收集的数据不仅来自国家、机构和部门等不同的线下渠道，也来自社交网络、互联网等多种互联网线上渠道。随着政府机构之间及政府与企业、学术界之间数据流动机会的增加，容易引发数字安全和对个人隐私泄露等问题。虽然现在世界各国都在推动公共数据开放，然而大部分大数据技术都缺乏足够的安全保护工具。近年来，系统漏洞、黑客攻击、网络爬虫等导致数据泄露事件时有发生。科研管理中产生的涉及科研计划及其成果的安全保密、知识产权、参与项目评议专家组审核信息等一旦泄露，将严重影响个人、组织甚至是国家的利益与发展。此外，随着数据生产、存储、分析的数量加大而产生的个人隐私问题也愈加凸显，如科研人员的个人数据信息等。因此，我国应当在整体上提升科研管理"安全思想"，尽快将新的数据保护要求及完善立法和监督提上日程。

四、数字化转型推动政府科研管理改革的相关建议

数字化转型不仅是政府科研管理方式的改变，更是服务理念和治理方式的创新。虽然政府科研管理的数字化转型已是大势所趋，但因为需要协调更多主体关系和面临更多风险，相对于企业来说，这一过程可能更为缓慢。为了更好地运用数字技术和发挥数据资源优势来推进科研管理改革的步伐，提出如下几点建议。

第一，把握调整时序，稳步推进管理组织架构转型。推动科研管理变

革所需要的不仅仅是数据和数字平台,更需要强大的执行力和创造力。现有的垂直化层级管理阻碍了观念和信息的自由流动,更倾向于执行"头疼医头,脚疼医脚"的表面工作,而非寻求解决问题的根本办法。这就需要政府做出更积极的响应,利用数字化工具进行组织结构调整。在实际操作中,组织结构调整必须按照统筹谋划、分步实施、试点先行、稳妥推进的原则推进科研数据跨部门、跨地区的协同互动。首先,从国家层面加强统筹谋划,成立公共科学数据管理机构,实现深度协同与管理创新。加强统筹原来分散在相关职能部门的科学数据,加快实现科学数据资源从各自为政向共享共用的转变。相关部门则要加大资源共享、联合服务、管理协同的力度,以避免数据割据、重复存储和加工等局限,切实提升行政决策效能。其次,以职能转变、服务科研主体为核心,构建以数据洞察、问题导向为驱动的新价值服务网络,加快实现从封闭、垂直的线性管理模式向相对开放的协同合作模式的转变,提升服务能力与水平。

第二,搭建基础设施,充分发挥信息技术和数字平台的作用。充分发挥大数据、云计算、人工智能等为代表的信息技术手段,为实现科研管理全过程的数字化转型,建立各种科研资源库,搭建各类数字服务平台,实现数据共享,同时为政府进行高效科研管理决策提供依据和支撑。具体包括:①建设基础数据平台,主动引入市场和社会力量汇聚数据资源,如人力资源、项目资源、成果资源、业务数据等,为科研管理提供技术支撑和数据支持;②完善科技管理信息公共服务平台,切实从科研相关主体需求出发,不断完善科技动态、项目申报、监督评估、成果报告、科研资源、科研资金等线上功能设计和线下交易服务等,推进平台的简单化和易访问;③完善决策支持平台,将分散到不同科研机构的数据进行集中统筹管理,对项目申报数据、经费使用数据、人力资源数据、项目评估等各个科研机构集成数据进行深度挖掘和智能分析。按照使用目的建立分析预测模型,找到数据之间的切实关联,既可以优化资源配置,形成跨地域、跨时空、支持虚拟科研团队等科研组织模式,又能为宏观科研管理改革提供辅助决策依据。由此,在以上数字平台基础上,建立技术支撑、资源服务、数据决策的全方位科研管理设施。

第三,明确管理职责,推动公共科学数据资源的开放共享。推动公共科

科研组织管理数字化转型研究

学数据开放共享是建立数据驱动科研管理的基础保障，这需要包括官、产、学、研、商等多方利益相关者的充分参与。政府应当明确管理职责，构建一个合理的、权限分明的、保护数据的同时能够让知识价值流转的机制。在管理制度层面，落实《科学数据管理办法》，加快制定国家科学数据管理政策和标准规范，协调推动科学数据规范管理、开放共享及评价考核等工作。在技术应用层面，充分利用云计算、人工智能、区块链等先进技术，提升科学数据的质量和可用性，使数据更好地赋能科研创新。在国际合作层面，积极参与国际交流和国际规则的制定，加强科学数据协同合作的"引进来"和"走出去"。

第四，培养管理文化，提升科研管理人员的数据素养和技能。在推动政府科研管理数字化转型过程中，关键在于让数据驱动的理念深入到科研管理过程中。这一责任不仅属于数据科学家和分析师，而且属于每一位科研管理人员和广大公众，需要全社会形成"数据驱动"的文化环境，从"经验主义"向"数据主义"转变。需要充分利用数据分析方法为科研人员和决策者提供依据，利用数字化工具的快速存储、整理、组织、可视化等功能发现以往专家也无法发现的问题，形成迭代性更强更迅速的管理方式。这就要求科研人员必须加强自身综合素质，认真学习现代管理理念，了解信息技术的特性和数字化管理的新要求与新模式，成为既精通业务管理又掌握数字技术的复合型人才。同时，需要建立完善的数字基础性培训体系，推动科研人员为数字化转型做好准备。

第六章

企业研发组织模式的转型方向

当今全球经济增长乏力,新冠肺炎疫情影响广泛深远,世界进入动荡变革期,多重因素交织对全球经济造成巨大下行压力。"十四五"规划提出,要提升企业技术创新能力,强化企业创新主体地位,促进各类创新要素向企业集聚。2020年7月21日,习近平总书记在企业家座谈会上发表讲话指出:"大疫当前,百业艰难,但危中有机,唯创新者胜。企业家要勇于推动生产组织创新、技术创新、市场创新……努力把企业打造成为强大的创新主体"。实践表明,当前背景下加快推动企业研发组织模式转型,对强化企业创新主体地位、实现科技自立自强发挥着至关重要的作用。

一、研发组织模式转型的背景及意义

(一)数字化转型赋予企业创新主体新的内涵

如今,全球已进入第五次技术革命的后半期,随着信息通信技术渗透程度的日益加强,我们对企业作为创新主体的认识已不能简单停留在其拥有的专利数量与技术含量上,而更要重视组织管理革命。

特别是过去几年当中,创新模式呈多样化趋势,技术创新与改进管理相互促进。分行业看,高技术和中高技术行业中,技术创新企业的比重普遍高于传统行业,且技术创新的企业比重高于管理创新,技术创新中产品创新多于工艺创新。传统行业中管理创新的企业比例普遍高于技术创新,技术创新中工艺创新的比例较高。结果表明,目前,高技术行业主要靠技术创新提高竞争力,并且产品竞争激烈;而随着成本优势减弱和技术含量增加,传统行业不仅需要进行技术创新，更需要通过改进管理来提高竞争力①。

因此，企业创新优势不只是纯粹的专利与技术迭代，其核心是重新诠释组织管理模式，达到快速响应数字变革的"新陈代谢"状态，进而在激烈竞争中占据主动权。也就是说，哪个企业率先在研发组织模式上做出适应信息技术扩散融合的转变，哪个企业就能在激烈的竞争中提升效率和赢得先机，占据主体地位。

（二）数字化加速企业治理模式变革

数字技术、移动互联网和人工智能带领人类社会进入一个全新的"快时代"，不断迭代升级的竞争使得产业环境越来越难以把握，传统的组织思维方法越来越显得缓慢和笨拙，实现深度专业化和快速应对外部变革成为一项首要任务。

企业治理结构影响创新的投入产出效率，完善的企业治理结构有利于建立激励创新的管理机制。数字化的全面深化带来商业逻辑及管理逻辑的重大转变。企业不仅在内部治理上有能力更开放，更多赋权赋能于一线，在外部治理上也有条件实现更深入的联盟，形成高度一致的利益共同体。内部与外部治理逐渐趋同，走向一种运用即时数字化链接和开放的产权激励理念形成的新型治理模式。在这种情况下，企业的边界大幅拓宽，在深度参与研发、生产、制造各环节的同时，跨界发展的趋势愈发明显。在基于数字化的转型过程中，企业发展各阶段应基于核心能力匹配以合适的组织形式，才能确保战略不走样地落地执行。

（三）研发组织模式转变是企业数字化转型的重要组成部分

企业的研发组织模式是企业创造各种知识、组织科技攻关的基础，是企业技术创新体系的重要组成部分。企业的本质是创新能力转化为商业能力，有效的研发组织能促使企业高效创造知识，极大减少研发时间，提高研发效率，并将新知识体现在成功的新产品、新型服务和新系统上。

当前数字技术和移动互联网对经济发展的影响持续深化，数字化是企业

---

① 吕薇．为强化企业创新主体地位 营造更优环境［EB/OL］．（2020-08-26）［2019-02-13］．http://theory.people.com.cn/n1/2019/0213/c40531-30642188.html.

成长的加速器。适应数字化转变的研发组织模式能让企业在更复杂的竞争环境中，有更强的底气和能力。一些企业开始采取有别于工业化时代的研发组织模式来创造新产品、新型服务和新系统，这对提升企业资源使用效率、自主创新能力和创新主体地位具有重要意义。

二、企业研发组织模式的演进逻辑

组织存在的意义在于协同，并产生正向的经济效益，恰当的组织结构对企业的发展非常重要。组织结构创新是随着内外部环境不断演进的，在数字化转型背景下，企业如何调整自身的研发组织模式以适应数字化发展需要至关重要。

（一）企业组织形态演进的理论

如同生物物种的进化进程一样，一个新物种的出现往往是生命形态和组织形态交叉式的渐变并经过漫长周期形成质变的产物。企业组织形态和企业物种之间的匹配关系也存在这种大量的交叉性，具体体现为从直线职能型组织到渐进改良式组织，再到平台化组织模式的转变过程。

1. 直线职能制组织模式——科层结构

泰勒的科学管理学派主张实行职能管理制，在手工工场由资方与工方组成的二元式结构中增加专门的计划层（即管理层），强调用"建立标准——执行标准"的科学工作方法取代过去的经验工作方法，"用最高的产量取代有限的产量，发挥每个人的最大效率，实现最大的富裕"。法约尔进一步提出直线职能制组织模式的概念，韦伯则将直线职能制理论发展为科层制理论。

古典组织理论构建了一种集权型、层级制的组织结构，这种结构着重通过分工的专业化和工序的标准化来解决重复作业的效率问题。但相对忽视了个体的价值，更着重于通过实际结构和标准工作方法来链接各个体。

2. 渐进改良式组织模式——矩阵结构

由于二维化企业内部业务的多样化和复杂性，行为科学学派在直线职能制组织的框架下形成了事业部制（子公司制）、矩阵制、流程再造等多种改良式组织模式。这些模式试图松动职能制模式下的固化结构和森严等级，以业务（或项目）为核心横向连接固定岗位，以业务专业化和快速反应为目标，为个体在结构、权限和流程上争取更多的弹性空间。

3.平台化网络式组织模式——扁平结构

现代组织理论越来越关注组织与环境的互动。平台化对应的组织构建逻辑是以客户的迭变需求为核心动态链接创新个体，平台化企业以时刻为客户创造价值这一基本目标为导向，更加开放、灵活地在组织内外部随时抓取和组合自身需要的各种能力，并在极致扁平化、柔性化的基础上形成极致应变力。扁平化意味着尽可能地去中间层，以在纵向管控权限分工上减少汇报和审批节点；柔性化意味着尽可能打破部门墙，以在横向专业能力分工上破除沟通和协作障碍。

（二）企业研发组织模式演进历程

企业研发组织模式随着所面临的市场环境、技术条件的发展而逐步演进。从20世纪50年代开始，研发组织模式大体经历了六代发展（表6-1），由于每一代研发组织模式面临的外部环境差异性，使各代研发活动及其组织模式存在较大差异。主要表现为：一是研发活动的特点不同；二是管理的核心目标不同；三是相应的组织模式也不同。

表6-1 企业研发组织模式的演进历程[①]

序号	时间	研发特点	管理核心	组织模式
第一代	20世纪50年代至60年代	研发职能孤立	产品技术	职能型
第二代	20世纪60年代至70年代	研发与商业联系	研发项目	矩阵式
第三代	20世纪70年代至80年代	技术/商业一体化	企业	跨部门矩阵式
第四代	20世纪70年代末至90年代	顾客/研发一体化	顾客	跨职能多功能团队

---

① 罗险峰.敏捷研发的组织模式研究［D］.武汉：武汉理工大学，2013：20.

第六章 企业研发组织模式的转型方向

续表

序号	时间	研发特点	管理核心	组织模式
第五代	20世纪90年代	协作创新系统	知识	共生网络化
第六代	20世纪90年代至今	市场高度不确定性与不可预测性	技术研究	网络化动态研发联盟

三、企业研发组织模式转型的趋势特征

在快速迭代的数字化转型浪潮中,全球企业创新活动所处环境发生巨大变化,企业由过去一个个相对封闭的独立组织变成通过各种信息和合作关系联结的网络和生态。2016年,全球ICT领域的投资达到3.8亿美元,全球2000家跨国公司中,67%的CEO已将数字化确定为公司战略的核心[①]。

在转型过程中,不同类型企业抓住数字化机遇的切入点有所不同,既有颠覆未知的颠覆性创新,也有快慢平衡的渐进式创新。但总体来看,均需选择最适合的研发组织模式进行转变,呈现出"四化"特征:一体化、弹性化、平台化、协同化(图6-1)。

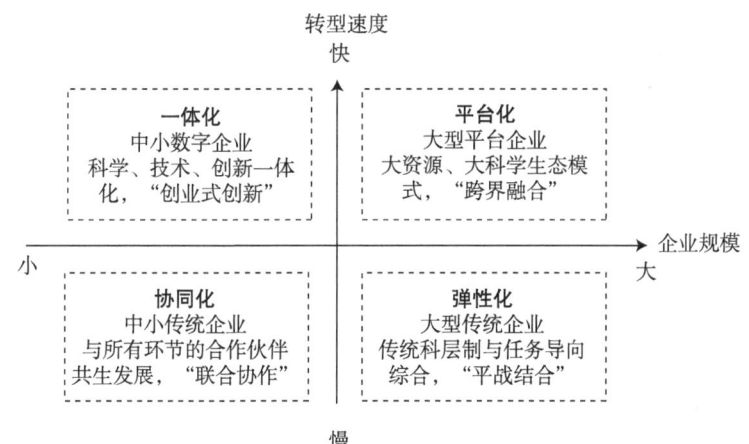

图6-1 企业研发组织模式的"四化"特征

---

① 郑凯.全球数字化转型 从颠覆未知到快慢平衡[EB/OL].(2020-06-25)[2020-11-11].http://www.360doc.com/content/20/0625/09/70629809_920408122.shtml.

（一）一体化：应用场景导向的"创业式创新"模式

数字技术逐渐打破了传统以创新链为划分单元的线性研发组织模式。按照传统研发逻辑，研发活动可划分为基础研究、应用研究、技术开发、商业化等一系列环节。而随着现代信息技术在经济领域快速落地、新应用场景的频繁涌现，传统创新链条前后端联系更加紧密，原有线性结构呈现出交叉演进、融合发展的新趋势。有些企业已经开始向科学、技术、创新一体化方向发展，也有人称其为"创业式创新"模式。

一体化创新模式是对传统研发组织模式的颠覆。在技术应用过程中，科研人员根据不断更新的知识和技术需求去创造新知识，在新的场景倒逼下进行技术研发，研发成果立即应用到场景当中。这种以应用场景为导向的模式不但大幅缩短了研发周期，更从根本上解决了成果转化难、转化慢的问题。

采用这种模式的企业一般都具有较强的研发实力和雄厚的资金来源，一些中小型新兴技术企业已经开始广泛应用。我国高新区的瞪羚企业、独角兽企业运用一体化组织方式进行颠覆性知识创造，以求迅速掌握本行业研发主动权，抢占市场份额。例如，深圳光启高等理工研究院作为超材料创新领域的新型研发机构，在国内较早将科学发现、技术发明和产业发展结合起来。以新兴前沿技术为研发方向，面向创新结果，打通创新链条，构建了技术研发与产业化无缝连接的研发体系。又如，北京旷视科技有限公司建立了Brain++研发平台、项目团队、研究院"三位一体"的研发体系，使其依托自主研发深度学习框架，面向各种应用场景迅速创造和扩散知识。

（二）弹性化："平战结合"的综合型组织模式

进入数字时代，知识和创新在竞争中的重要性与日俱增，企业管理者开始在传统的科层制与任务导向之间寻求某种组合，形成具有"平战结合"特点的弹性化研发组织模式。历史上，美国海军陆战队在和平时期采用科层制，在战时则变化成任务导向模式，这种弹性化模式为美军在第二次世界大战中最终战胜日本积累了大量优势。

科层制组织结构的特点是高度形式化、专业化和集中化，主要依赖于工作流程的标准化,适合于高效地执行大规模例行工作。而任务导向模式则更加机动灵活、适应性强,富有参与性和动态性,适合处理应急性问题。例如,应对新冠肺炎疫情的"科研攻关小组"获得了跨越式成功。

面对数字转型浪潮,实力雄厚但对新一代数字技术接受度不太高的大型传统企业更倾向于"弹性化"变革路径,它们可以在螺旋过程中,积累、共享及创造新知识的战略能力。传统大型企业既追求科层制的组织效率,又力争任务导向的灵活性,在快慢平衡中逐步实现研发模式转型,并不断克服原有路径依赖。例如,日本夏普形成了"超文本"式[①]组织模式,并按此配置研发活动,有效利用业务系统、项目团队和知识库3个层来创造知识。

(三)平台化:"跨界融合"的大资源、大科学生态模式

数字时代的创新过程富有明显的跨界特征,组织的内部边界和外部边界变得日益模糊,如一个主体既是企业又是研究所,同时还可能是一个投资人。一些企业开始突破内部或单一项目的研发模式,形成和上下游企业协作创新的平台化研发模式。这一转变的本质是适应大科学,充分发挥数字时代互联网平台规模效应的生态模式。企业通过构建大型互动平台将数字技术、物理空间和人3个领域进行整合,发挥数据作为创新要素的内在动能,形成多主体共同参与知识创造的生态系统。

大型经营性组织通过发挥公共平台研发优势,迅速适应外部环境的挑战,将研发主体、用户、资产和数据汇集,促进知识和信息的传递与扩散,以及促进研发活动面向用户需求展开和完成。这种组织结构的突出特点可归纳为两个方面:一是使得企业内部能够有广泛的人员互动,带动隐性知识在不同部门间扩散、共享,形成企业层次的隐性知识;二是借助数字化技术与工具将研发能力扩展到整个产业及生态圈,形成一种更加柔性化、液态化的

---

① "超文本"模式像超文本文件一样,由相互连接的"层"或情境构成,即业务系统、项目团队和知识库相互连接,最终构成新的组织结构。其中,业务系统执行日常运营,项目团队从事诸如新产品开发之类的知识创造活动,知识库重组分类上面两层产生的群体知识。

研发体系。

这一模式更符合大型平台企业的战略选择,它们既有雄厚的资金又有前瞻性数字技术,无论在规模和速度上都走在研发组织模式转型的最前面。例如,阿里巴巴集团控股有限公司(以下简称"阿里巴巴")打破传统垂直价值链条,既从供应链上、中、下游的全局思考产品研发与交易的完整路径,又从更高维度探究研发细节[①]。又如,亚马逊公司(以下简称"亚马逊")的土耳其机器人是一种众包人力资源网络平台,可通过调动全球人力资源让企业的各种知识和技术需求得到满足。

(四)协同化:"联合协作"的共生型组织模式

在互联网技术和数字技术的背景下,企业外部协同成本有所下降、大规模协作成为可能,协同共生型组织模式应运而生,并成为众多传统中小企业首选的转型道路。如果说以阿里、腾讯、京东为代表的大型平台企业是这个共生组织的赋能方,那么一些中小企业则是这场协同的接受方。这些缺乏资金、数字技术的中小型传统企业以此规避独自研发和恶性竞争的劣势,其知识创造进一步走向开放化、社区化。

通过调研金发科技股份有限公司,发现其上下游的中小企业普遍缺乏独有技术,为了维持生存只有与"原东家"抢占市场,大量研发人员带着核心技术离岗,造成"不创新等死、创新找死"的进退两难局面。由于传统中小企业缺乏强大的经济实力为研发作后盾,更多采取合作和模仿战略,如我国浙江省科技型中小企业的技术开发方式,54.5%是独立开发,37.4%是合作开发,4.4%是委托开发。协同组织模式可以实现不同组织之间的相互协作,有利于传统中小企业加强与已有或未来合作伙伴及用户的共生发展。

有研究团队在过去6年对23家企业的深度调研发现,企业的成功在于把各种资源集合到价值创造的方向上,研发每个环节的参与者都愿意开展合作,共同为产品和服务付出,最终实现更高水平的协同发展[②]。深圳数字生命

---

① 忻榕,陈威如,侯正宇.平台化管理[M].北京:机械工业出版社,2019:27.
② 陈春花,朱丽.协同:数字化时代组织效率的本质[M].北京:机械工业出版社,2019.

研究院通过与国内外顶尖高校、科研机构进行研发合作,借助内外研发资源互补以提高研发绩效[①]。

需要说明的是,以上4个发展路径并不是非此即彼,而是交错融合的关系,企业常常根据外部环境的变化和自身发展的阶段而采取一个或多个组织模式。

四、推动企业研发模式转型的相关建议

当前,各类创新要素正不断向企业集聚,随着企业能支配的创新资源越来越多,应在面向经济主战场和国家重大需求中承担更多责任。这就需要企业加速推动研发组织模式转型,更合理地配置创新资源,提升技术创新能力。在企业探寻自身研发模式转型路径的过程中,难免引发产业生态中多方市场主体的利益诉求不一、研发组织特点多样化的情况,政府应主动采取措施,为企业创造有利于转型的各种条件。

第一,鼓励企业利用多种研发模式组织研发活动,创建行业科技创新大数据中心,引导各种类型企业协同合作。一是鼓励企业尽快进行研发组织模式转变,在评价方式上逐步放弃以往(转型前)定量的一刀切的评价指标,如专利申请量等。二是创建行业科技创新大数据中心,充分发挥政府的引导作用。例如,在重点行业、重点领域尝试建立科技创新大数据中心试点,鼓励各种类型企业及时向数据中心提交和汇聚数据,并促进其与科技部数据平台的互联互通,实现数据信息成果共享。

第二,充分发挥实力雄厚大型企业的科研攻坚能力,给予这类企业研发组织转型更大自由度。一些大型企业有能力解决难度较高和研发周期较长的核心技术问题,政府应该给予这些企业研发组织模式转型更大的空间,鼓励他们真正成为技术攻关的方案制定者、实施者和技术成果拥有者。例如,支持这类企业发挥创新主体作用,在核心技术攻关任务中,对承担主体合理赋

---

① 纪占武,王庆.产业共性技术合作研发组织模式解析[J].科技信息,2011(7):502-503.

权，充分发挥法人主体的积极性与主动性，允许其自主探索有效的组织、管理和协调机制，提高研发和生产效能。

第三，形成市场主导、政府引导的转型新模式，为传统企业研发模式转型提供全方位支持。一方面，布局并支持数字化转型促进中心等平台建设，发现垂直细分行业的转型需求，解决企业研发技术难题。针对转型难度较大的部分重点领域的传统企业，可考虑建立技术改造基金、创新风险补偿基金，形成有利于传统产业提质增效的数字生态系统。另一方面，充分调动市场潜力，引导大型平台型赋能企业为传统企业研发模式转型提供数字化解决方案，聚力形成跨界融合研发合作生态。

第四，优化中小型数字技术企业的研发组织模式，一体化推进基础研究、技术研发、应用示范和商业化。中小型数字技术企业具有独特的数字化研发优势，要鼓励它们不断聚焦新的应用场景，形成产学研用融合、全链条一体化实施的研发组织模式。应适当调整部分财政支持项目的目标导向和管理方式，特别要在商业应用示范类项目中设立一定比例鼓励中小企业参与，注重首套创新产品推广问题。

第七章

美国《联邦数据战略》的关键要点与启示

数据已成为第四次工业革命时代重要的生产要素,如何加强数据资源的顶层统筹、要素集聚和广泛应用,已经成为一件关乎国家命运的大事[①]。以习近平同志为核心的党中央超前布局,2015年10月,党的十八届五中全会正式提出"实施国家大数据战略,推进数据资源开放共享"[②],将大数据视作战略资源并上升为国家战略。其中,数据高效采集和有效整合是深化数据融合利用、开放共享的前提和基础。但纵观中国政府数据开放共享实践,其难点之一就在于未能建立一套科学合理的政府数据资源管理的理论、方法及其标准化体系[③],一些政府数据整合的基础性工作推进力度不大,仍然采用纵向运作和获取信息的管理体制[④]。具体表现为:缺乏顶层设计和实施路线图、缺乏相关法律法规、缺乏多元化合作机制[⑤]、缺乏考核监督,这些难点制约着中国政府数据整合进程,致使中国政府数据开放仍然任重道远。

当前,一些发达国家正在积极制定数据战略,将数据作为国家重要的战

---

① 于施洋,王建冬,郭鑫.数字中国:重塑新时代全球竞争力[M].北京:社会科学文献出版社,2019.

② 刘宏达,王荣.论新时代中国大数据战略的内涵、特点与价值[J].社会主义研究,2019(5):9-14.

③ 李广乾.政府数据整合政策研究[M].北京:中国发展出版社,2019.

④ 嘉勒特,戴维斯.与猫共舞:科研管理的智慧[M].宁博伦,蒋一琪,张清泉,等译.北京:科学出版社,2014:18.

⑤ 兰霖.我国政府数据开放:现状、问题及完善策略研究[D].西安:西北大学,2018.

略资产进行管理和使用。2019年12月23日，美国白宫行政管理和预算办公室（Office of Management and Budget，OMB）发布了《联邦数据战略与2020年行动计划》（以下简称《数据战略》）。《数据战略》描述了美国联邦政府在未来十年加速数据使用的愿景，并逐年确定行动计划，这为中国实施国家大数据战略、推进数据开放共享提供了相关启示和借鉴。

一、《数据战略》的出台背景与主要内容

长期以来，美国政府围绕信息公开、个人隐私保护、信息安全、数据开放等数据问题颁布了大批法律法规和行政命令，如1974年通过《隐私法案》、1967年通过《信息自由法》、1976年通过《阳光下的政府法》、1980年通过《文书消减法》、2002年通过《电子政务法》、2012年发布数字政府战略、2017年通过《政府技术现代化法案》，以及管理与预算办公室（OMB）发布备忘录《开放数据政策》等。在机构治理层面，形成了以美国管理与预算办公室（OMB）为核心，联邦首席信息官委员会、科技政策办公室、司法部信息政策办公室、商务部等机构充分支持协作的数据治理机构体系[①]。在核心技术开发与平台支撑方面，2009年奥巴马政府依据《透明和开放的政府备忘录》推出统一数据开放门户网站——Data.gov，实现了政府信息的集中、开放和共享。2011年，国家科技委员会专门成立"大数据高级督导组"，负责确定联邦政府当前需要开展的大数据研发任务，2012年，白宫发布"大数据研究与开发计划"，首批共有6个部门宣布投资2亿美元，用于本领域先进工具与核心技术的研发与应用[②]。

尽管通过上述布局，美国在研发与应用数据方面一直在全球居于领先地位，但在利用数据完成任务、服务公众和管理资源方面尚且缺乏一套强大而综合的方法。正如《数据战略》序言中所指出，如果联邦政府不能有效发

---

① 黄璜.美国联邦政府数据治理：政策与结构［J］.中国行政管理，2017（8）：47-56.
② 中国电子信息产业发展研究院.数据治理与数据安全［M］.北京：人民邮电出版社，2019：4.

第七章 美国《联邦数据战略》的关键要点与启示

挥其作为数据提供者和数据使用者的角色,那么它将难以履行服务公众的角色[①]。2018年3月,美国政府颁布的《总统管理议程》设定了新的跨机构长期愿景,强调运用系统思维解决改革障碍,特别是针对在数字转型背景下技术基础架构陈旧、政府数据分散和制度框架落后的问题。为了进一步释放数据潜力,利用数据作为战略资产,美国在现有立法和相关政策的基础上,率先制定了第一个政府范围的数据战略及行动计划。

《数据战略》由美国OMB、科学技术政策办公室(Office of Science and Technology Policy, OSTP)、商务部和小型企业管理局联席起草,主要包括四个组成部分,分别是1项使命宣言、10项原则、40项实践,以及年度行动计划[②]。

(一)使命宣言

《数据战略》的使命宣言阐明了战略的意图和核心目的。该战略的突出特点在于,对数据的关注由技术转向资产,"将数据作为战略资产开发"成为核心目标[③]。旨在指导联邦政府进行数据治理,通过政策设计和方法协调,在尊重隐私和机密性的前提下,使用数据来完成任务、服务公众、管理资源,为各相关机构管理和使用联邦数据提供指导。

《数据战略》提出4个主题领域,分别是企业数据治理,访问、使用和扩充,决策和问责制,商业化、创新和公共使用。在企业数据治理方面,探索将管理数据作为战略资产进行优先级设置,包括数据策略、数据隐私等;在访问、使用和扩充方面,探索制定相关政策和程序,使利益相关方能够高效地获取和使用数据资产;在决策和问责制方面,探索改进数据资产的使用,为联邦政府做出决策和问责提供支撑;在商业化、创新和公共使用方面,促进外部利益相关者使用联邦政府数据资产,使其通过商业投资、创新或其他

---

① The Federal Data Strategy team. What is the purpose of the federal data strategy?[EB/OL].[2020-03-01]. https://strategy.data.gov/overview/.

② The Federal Data Strategy team. Overview: components of the federal data strategy[EB/OL].[2020-03-01]. https://strategy.data.gov/overview/.

③ 程莹.美国发布《联邦数据战略和2020年行动计划》[EB/OL].[2020-03-01]. http://www.echinagov.com/news/272975.htm.

公共用途使政府数据易于获取和使用。

（二）愿景：原则和实践

《数据战略》确立了政府范围内的10项框架原则和40项数据管理实践，为更好地发挥整个联邦数据的组合价值提供了一套综合标准方法。"原则"是永久框架，旨在指导制定综合数据战略，包括伦理治理、意识设计和学习文化等层面（表7-1），为整个数据生命周期的战略实施提供指导。"实践"更具可行性和目标性，反映了各机构需要调整数据管理方式，以适应数据重要性的内容，可以分为3类：建立重视数据并促进共享的文化；进行数据治理、管理和保护；探索促进数据有效和适当使用的方案（表7-2）。

表 7-1 美国数据战略的 10 项原则

伦理治理	意识设计	学习文化
坚持伦理：监测和评估联邦数据实践对公众的影响。设计制衡机制，以保护和服务公众利益	确保相关性：保护数据的质量和完整性。验证数据的适当性、准确性、客观性、可访问性、有用性、可理解性和及时性	投资学习：通过对数据基础架构和人力资源的持续投入，促进与数据有关持续协作学习的文化
行使责任：实施有效的数据管理和治理。采取合理的数据安全措施，保护个人隐私，维护承诺的保密性，并确保适当的访问和使用	利用现有数据：识别数据需求以告知优先研究和政策问题；尽可能重用数据并在需要时获取额外数据	培养数据领导者：通过投资培训和开发关于使命、服务和公共利益方面的数据价值，来培养各个级别联邦工作人员的数据领导者
促进透明度：阐明联邦数据的目的和用途，以建立公众信任。全面记录流程和产品，以告知数据提供者和用户	预期未来使用：考虑适合他人使用的情况，仔细地创建数据；从一开始就设计重用并建立互操作性	实行责任制：分配责任，审核数据实践，记录结果并从中学习，以及做出所需改变
	展示响应能力：利用用户和利益相关者不断提供的信息，提高数据收集、分析和传播能力。反馈过程是周期性的；建立基准，获得支持，协作并不断完善	

表 7-2　美国数据战略的 40 项实践

建立重视数据并促进共享的文化	进行数据治理、管理和保护	探索促进数据有效和适当使用的方案
确定需要回答的关键机构的数据	优先考虑数据治理	提高数据管理和分析能力
评估和平衡利益相关者的需求	治理数据以保护机密和隐私	使质量与预期用途保持一致
使用一流数据	保护数据完整性	设计供使用和重复使用的数据
使用数据指导决策	传递数据真实性	沟通计划的和潜在的数据用途
做好共享准备	评估成熟度	明确传播，允许使用
通过数据传达见解	维护数据资产清单	利用安全数据链接
使用数据提高责任感	识别数据资产价值	促进广泛访问
监测和提升公众认知	长远管理	促进数据访问方法多样化
连接跨机构数据功能	维护数据文档	披露数据风险
明确提供资源以利用数据资产	发挥数据标准杠杆作用	深化合作关系
	使协议与数据管理要求保持一致	利用购买力
	识别机会以克服资源障碍	利用协同计算平台
	允许修改联邦数据	支持联邦利益相关者
	加强数据保存	支持非联邦利益相关者
	协调联邦数据资产	
	促进州政府、地方政府和部落政府与联邦政府之间共享数据	

（三）具体步骤：年度行动计划

"年度行动计划"关系到战略的落实落地。2020 年行动计划的优先事项是建立工具、流程和能力的坚实基础，将数据作为战略资产并协调现有工作。具体包括 20 个基本行动步骤，3 种类型：机构行动、团体行动和共享行动

（表7-3）。机构行动由单个机构执行，旨在利用现有机构资源改善数据能力。团体行动由若干个机构围绕一个共同主题执行，通过一个已建立的跨机构协会或其他现有的组织机制予以协调。共享行动由单一机构或现有协会领导，服务所有机构并提供跨机构资源，为实施联邦数据战略提供政府的指导思想、方向、工具或服务。

表7-3　2020年行动计划的20项具体行动步骤

机构行动	团体行动	共享行动
将本机构数据治理制度化	成立联邦首席数据官委员会	开发联邦数据资源库
识别解决本机构核心问题所需的数据资料	改善人工智能研究和应用的数据和模型	创建OMB联邦数据政策委员会
评估数据和相关设施的成熟度	改善财务管理数据标准	制定数据技能目录
提升员工使用数据的技能	将地理空间数据实践整合到联邦数据中	创设数据伦理框架
确定机构优先开放的数据集		开发数据保护工具包
发布和更新数据清单		试行一站式数据标准
		试行一种自动的信息收集审查工具，支持数据清单的创新和更新
		尝试改进数据管理工具
		开发数据质量衡量和报告指南
		开发数据标准库

二、关键要点分析与启示

美国是科技经济头号强国，也是数据领域国际合作竞争中的最重要参与方之一，对其《数据战略》关键要点进行详细分析，有助于借鉴相关经验以推进中国对数据战略资产的管理与应用。

第七章　美国《联邦数据战略》的关键要点与启示

（一）战略由来：数字战略与数据战略

《数据战略》从横向来看是美国数字战略的重要组成部分；从纵向来看是美国整体数据战略发展进程中的重要一环。"数字战略"的内涵比"数据战略"更为宽泛，包含数据战略、数字技术能力及保障战略、数字技术应用战略等，其中数字技术能力及保障战略具体涉及人工智能、数字基础设施、数字技能、网络安全等层面，数字技术应用战略涉及数字经济、数字政府、智能社会、智能制造等多个深度融合应用场景。例如，欧盟委员会于2020年2月公布的新数字战略（《塑造欧洲的数字未来》战略），包括数字转型思路、人工智能白皮书、欧洲数据战略等内容。美国的数字战略是为了维护全球数字化转型背景下的数字领导地位，通过制定人工智能、云计算等技术研发、资金保障、网络安全、数字教育、先进制造、数字政府、数据战略等各个数字领域战略，全方位推进美国数字战略。美国2011年提出了国家机器人计划、先进制造伙伴计划（AMP）、《联邦云计算战略》，2012年发布《数字政府战略》，2013年发布《支持数据驱动型创新的技术与政策》，2015年推出国家战略计算计划、国家先进无线研究计划、智慧城市计划，2016年推出美国国家人工智能研究和发展战略计划、发布《加强国家网络安全促进数字经济的安全与发展》，2018年发布《数据科学战略计划》《美国国家网络战略》《先进制造业美国领导力战略》等体现数字战略实施的计划、政策，加紧布局新一代网络设施、大数据、先进制造和人工智能，力图继续巩固其技术和产业主导优势。此次实施的《数据战略》与联邦政府已有的关于数字战略的计划和政策保持一致，是美国数字战略的重要组成部分。

在数据战略方面，美国作为数据研发与应用的策源地一直在全球居于领先地位，从历年发布的数据战略政策来看，其对于数据的重视不断提升。自2009年开始，美国政府先后颁布《开放政府指令》等政策，发布《数字政府：构建一个21世纪平台以更好地服务美国人民》[①]《大数据：把握机遇，维护

---

① 金一鼎.数字政府环境下政府公信力提升研究［D］.合肥：安徽大学，2019.

价值》[①]等报告,实施大数据研究和发展计划、"数据—知识—行动"计划[②]等措施(表7-4),在解决数据支撑国家政治、经济、社会、文化、军事、外交和安全等关键共性问题上取得了一定的经验和成效。此次《数据战略》净化了对数据的认识,具体表现为聚焦点从"技术"到"资产"的转变,坚持数据是最有价值的国家资产理念,并着重改进特定数据资产组合的管理和使用。

表7-4 美国数据战略发展历程

序号	时间	名称	主要任务
1	2009年	开放政府指令	要求政府在网上开放更多数据,明确政府数据开放三原则:"透明、参与、协作",并启动建设统一的政府数据开放门户网站(www.Data.gov)
2	2012年	大数据研究和发展计划	通过收集、处理庞大而复杂的数据信息,从中获得知识,提升能力,加快科学、工程领域的创新步伐,强化美国国土安全
3	2012年	数字政府:构建一个21世纪平台以更好地服务美国人民	开放政府数据应成为电子政府的支撑,要以信息为中心,以用户为中心,保障安全和隐私,建立一个21世纪的共享平台
4	2013年	"数据—知识—行动"计划	通过大数据改造国家治理模式、支持技术研发创新、培育经济增长点
5	2014年	大数据:把握机遇,维护价值	政府部门应当与私人部门展开数据开放共享、紧密合作,利用大数据共同降低发展风险
6	2016年	联邦大数据研发战略计划	提出了聚焦新型技术、数据质量、基础设施、共享机制隐私安全、人才培养和加强合作七大战略,拟建成有活力的国家大数据创新生态系统

---

① 韩娜.大数据时代政府治理现代化研究[D].石家庄:河北师范大学,2017.
② 张影强,张大璐,梁鹏.发达国家如何布局大数据战略[J].中国经济报告,2018(1):87-89.

第七章　美国《联邦数据战略》的关键要点与启示

续表

序号	时间	名称	主要任务
7	2018年	开放政府数据法案	奠定了政府数据开放的两个基本原则：一是在不损害隐私和安全的前提下，政府信息应以机器可读的格式默认向社会公众开放；二是联邦机构在制定公共政策时应当循证使用
8	2019年	数据战略	描述了美国联邦政府数据应用的十年愿景，目的是在保障安全、隐私和机密的前提下，履行使命、服务公众和管理资源

无论是数字战略还是数据战略，既保证了战略的可持续性和政策的稳定性，也突出了其迭代性、动态性、柔性[①]的特征，充分适应国家立法政策、利益相关者和用户需求及新技术发展变化的需求。《数据战略》是美国国家整体战略的重要组成部分，是美国把科技创新和数字化转型提到国家战略核心层面部署的重要体现。

（二）形成机制：宏观统筹与多方参与

《数据战略》充分发挥了部门宏观统筹协调、社会各界广泛参与，以及数据科学的支撑作用。数据治理需要调动各个部门、利益相关者，如企业、社会组织、公众等广泛参与，形成更加完善的参与机制。联邦数据工作组团队遴选了来自18个部门和机构、42个办公室的42名成员，他们从战略所需等视角提出了切实可行的方案内容。《数据战略》第26项实践提出"促进州政府、地方政府和部落政府与联邦政府之间共享数据"；2020年行动计划提出"推动成立联邦首席数据官委员会，并将创建OMB联邦数据政策委员会"，在组织层面共同推动有序、高效的数据治理文化。

《数据战略》吸收了来自联邦政府内外众多利益相关者的反馈意见，包括政府人员、私营企业、学术界、非政府组织和广大公众。反馈内容包括：有

---

① 林光明.敏捷基因：数字纪元的组织、人才和领导力［M］.北京：机械工业出版社，2020：41.

效的数据治理和数据管理实践、数据分发工具示例、机构内部和机构之间数据共享面临的挑战、劳动力技能及利益相关者参与的重要性。此外,《数据战略》还充分发挥了数据科学的支撑作用,在吸收反馈意见的过程中,将数据科学付诸实践,应用自然语言处理和大数据技术来减少分析每个评论所需的工作量。

这种充分发挥政府各部门之间统筹协调、政府与公众之间互动并扩大利益相关者参与的战略形成机制,是调动政府部门、产业界、学术界、公众等创新主体参与宏观决策咨询的重要体现,对提高政府决策效率、完善监督、提高透明度具有重要作用。

(三)战略制定:战略与战术有机结合

《数据战略》注重战略与战术相结合的原则,有力保证了国家战略的实际落地。正如美国联邦首席信息官肯特(Suzette Kent)在《数据战略》新闻发布会上所言,"我们在战略上和战术上都在进行探索,并且会从最基础的部分开始。[①]"这种战略与战术有机结合的方式有利于清晰地勾勒出使命和愿景,并分解成若干行动计划保证战略目标的顺利实现。纵观《联邦数据战略和2020年行动计划》的形成路线图可分为四个步骤[②]:2018年7月制定原则草案并征求最佳实践方案、2018年10月制定原则和实践草案、2019年6月发布联邦数据战略和第1年行动计划草案、2019年12月发布第1年行动计划,每个步骤的有序实施充分反映了战略与战术的紧密结合。

《数据战略》的总体战略目标是从根本上改变政府管理、使用和提供数据的方式,使数据能够加快流动和应用以更好地执行任务、服务公众和管理资源。行动计划将根据这一总体目标确定每年与40项实践相关的具体步骤和优先级,并在每年成果基础上不断推进,保证战略的重点突出、可衡量性和可

---

① 国脉电子政务网. 美国发布《联邦数据战略》,提出16项行动计划 [EB/OL]. [2020-03-01]. https://dy.163.com/v2/article/detail/EHKDET6C0518KCLG.html.
② The Federal Data Strategy Team. Federal data strategy 2020 action plan [EB/OL]. [2020-03-01]. https://strategy.data.gov/assets/docs/2020-federal-data-strategy-action-plan.pdf.

调整性。2020年行动计划则通过20项具体步骤开始实施战略,其中的亮点包括:针对数据战略提及"发挥联邦数据的组合价值",优先建立在线政策、标准和工具包,提供最佳实践和案例研究知识库,共享政府范围内的资源和/或工具;针对数据战略提及"将数据视为国家资产",优先改进特定数据资产组合的管理和使用,如地理空间数据和财务管理数据;针对数据战略提及"促进共享使用数据的文化",优先启动跨部门工作,成立联邦首席数据官委员会,创建OMB联邦数据委员会等。

(四)战略内容:数据管理与高效使用

《数据战略》在数据管理方面运用一种平衡和整体论的方法,强调数据共享与数据安全并重,从根本上解决如何从政府数据资产组合中获取价值,以促进各类主体对数据资源的有效获取和使用。

首先,在数据管理的顶层设计上,《数据战略》优先考虑数据治理,确保有足够的权限、角色、组织结构、策略和资源来支持战略数据资产的管理、维护和使用。为了充分发挥数据资产价值,让数据处于流动之中,致力于统筹协调和共享,以便更好地汇聚、打通及使用数据,满足更广泛的信息需求。其实践亮点在于推动州政府、地方政府等与联邦政府之间共享数据,加强对联邦政府资助和本地计划的项目管理等。

其次,数据治理的对象不仅是政府数据,还包括企业数据,政府机构之间以及整个公私伙伴关系之间数据共享的增加,都会产生数字安全漏洞和对个人隐私的担忧[1]。因此,数据管理需要谨慎考虑数据被其他政府机构、研究人员、企业和公众二次使用的可能及随之产生的风险,加强对数据的保护。尽管数字化在改善公共政策环境方面的潜力巨大,但这需要在增强数据共享所带来的更广泛的公共利益与个人和组织对保护隐私和维护数据安全之间取

---

[1] OECD. Using digital technologies to improve the design and enforcement of public policies. [EB/OL]. [2019-02-10]. https://www.oecd-ilibrary.org/science-and-technology/using-digital-technologies-to-improve-the-design-and-enforcement-of-public-policies_99b9ba70-en.

得恰当的平衡。例如，保护数据完整性、确保数据存储的安全性、保护公共利益、商业机密和个人隐私、允许修改数据提高透明度等。

此外，《数据战略》在改进数据管理的基础上，积极探索促进各类创新主体有效使用数据的方案。通过各种方法促进个人、企业、社会对数据资源的访问、适当使用和扩充，帮助各个主体从数据中获取价值。具体包括增强数据分析能力，对开放数据和受保护数据分级访问，提升联邦数据的互操作性，增强用户有关新兴技术和数据保护的专业知识，提升数据质量、明确元数据标准等。这种促进数据管理改革和提升有效访问的做法，有助于建立重视数据并促进数据共享使用的文化；有助于对各种元数据进行合理处理和分析，确保数据安全，促进各类用户对联邦数据的信任感知[1]；有助于在互联互通中最大限度地挖掘和释放政府数据和企业数据的价值，形成有序良性的数据循环过程[2]。

三、推动中国实施国家数据战略的相关建议

当前，中国经济既面临下行压力，也面临贸易保护主义抬头、新型冠状病毒感染疫情等挑战。因此，更加需要以整合政府数据为重点，探索适合中国实际的数据资源开放共享模式，促进数据资源高效利用，加快释放"数字红利"，具体提出如下建议。

第一，提升对数据资产的重视程度，推动战略重点的动态演化和迭代升级。从美国数据战略的发展历程来看，《数据战略》对数据资产的重视程度不断提升，战略焦点实现了从"技术"到"资产"的转变。党的十九届四中全会提出将数据与资本、土地、知识、技术和管理并列作为可参与分配的生产要素，充分体现了数据对经济发展、社会生活和国家治理正在产生根本性、全局性、革命性的影响。

---

[1] 新华三大学.数字化转型之路[M].北京：机械工业出版社，2019：2.
[2] 戈德史密斯，克劳福德.数据驱动的智能城市[M].车品觉，译.杭州：浙江人民出版社，2019.

第七章　美国《联邦数据战略》的关键要点与启示

未来需要深化对数据价值特性的认识并及时根据中国内外部发展趋势变化推动数据战略的迭代升级。一是随着数据成为构成竞争的重要因素，数据作为资源、资产的价值不断深化，并衍生出更多独特性，必须高度重视数据价值特性并开展深入研究。例如，针对数据价值释放与算法等数据分析技术的研究；针对政府、企业、科研机构、个人等不同用户，以及产业发展、社会民生、重大突发事件应对等不同应用场景的数据价值研究；针对数据资产管理、信息价值评估及管理等方面的研究等，正确区分数据价值与实物价值。二是在保证长期稳定的数据治理目标基础上，根据中国每个发展阶段的内外部特征及时研判形势与需求，充分依据国家立法政策、各类创新主体和用户需求及新技术发展变化的要求，有重点分层次地推进数据战略的动态演进与迭代升级。

第二，加强数据管理的统筹协调，促进政府与各方力量的协同合作。数据管理与使用既需要中央政府与地方政府、政府各部门之间的协同合作，也需要政府与企业、科研机构及公众等相关利益方的共同合作。当前，由于中国政府各部门条块分割体制使数据大多处于割裂和休眠状态，缺乏有效归集，分散在各个部门和行业，没有按照需要得到充分利用[①]。因此，需要从国家层面进一步加强统筹谋划，成立政府（公共）数据工作机构，全面掌握政府（公共）数据资源分布情况，统筹数据的标准制定、质量控制、存储管理及开放共享等，有效提升政府科学决策能力和公共管理能力。

另外，随着政府、市场、社会合作共治的数据治理模式进一步深化，需要各方力量共同合作[②]。例如，自新型冠状病毒肺炎疫情暴发以来，不少地方政府部门及时开放政府数据，一些企业和机构将这些数据与其他领域数据进行融合分析和深度挖掘，为政府提供了决策支撑。未来政府与社会各界的合作内容具体可包括：一是研究新技术以增加数据的获取和访问，填补政府能力和知识方面的空白，帮助政府形成基于证据的战略决策及促进企业和社

---

① 国务院发展研究中心创新发展研究部. 数字化转型：发展与政策［M］.北京：中国发展出版社，2019：85.

② 江青.数字中国：大数据与政府管理决策［M］.北京：中国人民大学出版社，2018：102.

科研组织管理数字化转型研究

会组织更有效地运作。二是研发和改进数据工具，促进政府数据的汇聚和整合，进一步加强互联互通，使整个社会发展成为一个具有判断思考能力的有机体。三是完善数据基础设施，进一步推动数据中心优化整合，建立全国统一高标准的信息技术设施网络，提供强大的数据共享支持。

第三，推动政府形成数据管理共识，研究制定政府数据战略及实施路线图。美国《数据战略》在统一认识、战略与战术有机结合方面的实践，为中国提供了有益的经验。从数据战略实践来看，要想有效实现政府数据开放共享和广泛使用，必须具备技术、政治、经济、社会发展等方面的诸多条件[①]。对于中国这样的发展中国家来说，同时实现这些较高基本条件是很难做到的，只有从国情出发，循序渐进克服各方面问题，才是科学合理的方法和路径。中国政府数据开放实践必须着眼于数据整合实践与大数据产业发展需要，服务于国家治理体系和治理能力现代化，统筹协同推进[②]。

当前，必须明确和统一我们对于政府数据开放路径的认识，明确和统一政府数据整合与开放的基本概念和内容。在此基础上，研究制定具有中国特色的政府数据整合与开放战略及其具体路线图，并发布相应的白皮书；明确政府数据战略的发展目标、战略实施步骤、具体内容与机制；明确多层次的数据统一开放平台建设路径，为加强政府数据开放共享提供公共平台，基于专题数据集公开共享政府数据。

第四，实现数据管理与使用规范化，加强数据开放与数据保护的法律法规和制度建设。推进数据管理规范化、加强法律法规和制度建设是实现数据整合与开放共享的根本保障。从美国《数据战略》发展情况来看，其突出特点表现在：一是能够及时将当前正在发展的数据管理和治理理论、技术与标准规范应用到数据管理中去，形成综合性方法指导数据开放与数据保护战略政策的制定；二是充分适应已有政策和制度，包括信息自由化、开放政府等

---

① 王法硕，王翔.我国政府数据开放利用的影响因素与实现路径：一项基于扎根理论的质性研究[J].情报杂志，2016（7）：151-157.

② 黄如花，温芳芳.我国政府数据开放共享的政策框架与内容：国家层面政策文本的内容分析[J].图书情报工作，2017（20）：12-25.

第七章 美国《联邦数据战略》的关键要点与启示

促进性法律法规,以及隐私保护等规范支撑性政策和制度。

目前,中国在国家层面还没有建立数据开放共享的上位法[①],需要从法律层面进一步规范和明确。一方面,依法确定数据安全等级和开放条件,对可开放的数据类别、数据开放的技术标准和数据口径等做出明确规定,根据信息的涉密程度对不同的使用对象赋予不同权限[②]。另一方面,以促进共享和防范风险为目标,从国家层面完善政府数据管理的法规体系。对政府数据的搜集、开放、使用做出明确规定,要上承法律要求,下接标准支撑,打通落地瓶颈,建立数据共享绩效考核标准和数据质量评估机制,明确数据开放共享机构管理职责。

---

① 闫树.政府数据开放共享的桎梏与破解[J].通信世界,2017(13):38.
② 陈凯华.运用大数据加快推进科技治理能力现代化[N].光明日报,2019-03-20(06).

第八章

数字化时代国际科研合作的新趋势：设施、模式与机制革新

在信息技术革命和产业变革推动下，科学研究模式正在走向开放融合。传统闭合的、以学科划分为基本架构的科学范式已无法适应科学研究的发展需要和经济社会变迁对科学知识需求的变化，更无法解决能源短缺、环境污染、健康威胁等全球性重大问题，而当前"科研全球化"与"数字化"融合交织，新一代网络信息技术为科研合作带来了威力强大的"工具"，正在推动科研合作全球化向更加牢固和频繁的方向迈进。

一、科研合作的现实需求

科研合作是指科研人员的个人与个人、个人与团体、团体与团体之间为完成同一科研任务或目标而彼此协同合作的劳动形态。自第二次世界大战以来，科学研究迈向"大科学"时代，研究问题的复杂性和技术迭代的快速性日益凸显。无论从解决全球性问题、紧跟国内外发展形势还是遵循科学研究的演化规律来看，都迫切需要实现优势互补、跨学科协同和协作创新，在全球范围内配置科技资源，因此，国际科研合作越来越成为一种必然选择。

（一）解决重大问题的迫切要求

随着经济社会的快速发展，科学突破已不再是科学共同体的内部问题，而是整个国家乃至全球的行为。一方面，科学技术深刻地影响着军事、政治、经济等各个领域，并且改变了人类的思维模式、道德理念和生活习惯；

第八章 数字化时代国际科研合作的新趋势：设施、模式与机制革新

另一方面，在解决可再生能源、环境保护、传染病等关乎全球命运的重大问题时，仅凭一国传统的单学科或交叉学科的研究范式往往鞭长莫及，需要集成多种学科研究范式、理论和方法来解决问题。

世界各国纷纷通过在全球范围内开展科研合作，寻求以最具优势的科研要素和先进的科技成果与本国的优势重新组合与配置，实现整体效益最大化。同时，出台相关的政策法规，通过多方共同投入一定的资金、专有技术、先进仪器设备、国际优秀人才或信息资料等资源，共享研究成果，共同解决全球重大科技问题。

（二）国内外形势的复杂变化

当前，新冠肺炎疫情在全球持续蔓延、国际科技竞合格局更加复杂，数字化技术为拓展国际合作途径提出了新路径。

从中国自身来看，随着中国科研实力与日俱增，数字化建设基础与改革开放初期相比已取得了突飞猛进的发展，未来中国将在更加互补平等的基础上与其他国家开展广泛深入的科研合作。以此次应对新型冠状病毒肺炎疫情为例，国际科研合作为基础研究、临床试验、疫苗制备等疫苗研发的各个环节提供了"加速度"。疫情刚刚发生几天，中国的阿里云就将AI计算资源开放给全世界，通过大量的算力和算法来加速疫苗和药物研制。近年来，我国还通过在全球变化、生态、环境、生物和地学等不同领域参与一系列以多学科交叉为典型特征的大科学计划，充分发挥科学家共同合作、协作创新和优化资源配置的效应。

（三）科研合作的演化趋势

在过去相当长的历史时期内，科学研究处于相对分散、缺乏组织的状态，个体凭兴趣"自由研究"，科研多由"大师"和"发明家"来完成。科研交流形式也仅表现为前辈对晚辈以"传帮带"的方式，亲自传授文化知识、技术技能、经验经历等。

随着现代科学研究的深入，科研合作的重要性日益凸显。特别是第二次世界大战以来，科学研究从"小科学"迈向"大科学"时代，研究问题更加复杂，

技术迭代更加迅速。这就迫切需要通过国际科研合作来实现优势互补、风险分散、跨学科协同创新，在全球范围内配置科技资源。这一时期，科研合作形态从自由研究、个人交流逐渐拓展到政府间科技合作、科研机构合作、"项目—基地—人才"相结合的合作。即使在地缘政治影响下，中国与美国的科研合作依然展现出一定韧性。在自然指数追踪的82种优质期刊中，中国与美国科研人员合作完成的论文数量由2015年的3413篇增至2018年的4631篇。2012—2018年，中美机构间科研合作关系的数量及强度没有放缓迹象（图8-1）。

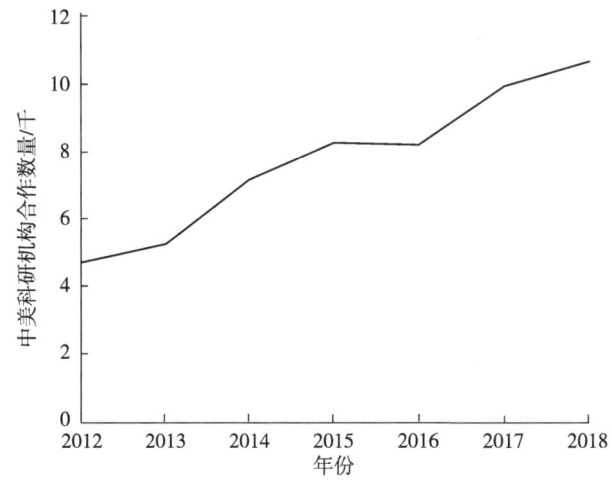

图8-1　2012—2018年中美科研机构合作数量

（资料来源：2019年《自然》增刊"自然指数—科研合作和大科学"）

近年来，"科研全球化"与"数字化"融合交织。新一代信息通信技术、数字平台、信息网络等进一步拓展了合作空间，突破了人与人之间、机构与机构之间的交流合作，呈现出错综复杂的网络化合作态势。

二、理论背景与研究框架

在信息通信技术时代，科学知识生产范式正在经历一场动态变革与转型，科研协同方式日益占据主导地位，科研论文合作率不断上升，科学社交

第八章 数字化时代国际科研合作的新趋势：设施、模式与机制革新

平台中新型出版形式、大量在线科学工具和开放获取科学资源逐渐增多，世界科学领域进入开放融合的新时代。这是历史的必然趋势，也是科学研究需遵循的基本规律。

（一）开放科学

科学产出的速度、数量和质量不同程度增强，但获取科研资源的渠道被几大国际科技出版巨头垄断。由此引发了开放获取和开放数据倡议，在信息技术迅猛发展的推动下，科学范式正由传统的闭合科学走向开放科学。

欧盟委员会（EU）对开放科学的定义为通过数字工具、网络和媒体，传播科研并转变科学研究的方式，通过为科学合作、实验、分析提供新的工具使科学知识更易获取，促进科学研究过程更加高效、透明和有效。它依赖于技术发展和文化变革对科研合作和科研开放的共同影响[1]。经济合作与发展组织（OECD）认为开放科学是科研人员、政府、科研资助机构或科学界本身为使公共资助的科研成果（出版物和科研数据）在没有或最小限制的情况下以数字形式公开获取，以提高科研的透明度，促进科研协作和科研创新。

如今，开放科学已不再局限于文献和数据的自由获取，而是聚焦于知识传播和知识应用，推动科研工作者之间交流合作的深度和广度。其内容主要包括：加强科研主体广泛交流合作；构建资源开放平台；保证公共资金资助的科研成果向全体公众开放。

（二）融合科学

科学研究虽然极大地推动了人类探索知识和解决问题的能力，但现有以学科划分的科学研究仍然无法有效解决生命、信息、能源、环境、公共卫生等领域的重大科学问题。"融合科学"（convergence science），又译为"会聚科学"，作为一种数据驱动的、通过多学科交叉手段来研究重大科学问题的科

---

[1] Open science［EB/OL］.［2017-07-25］. https://ec.Europa.eu/digital-single-market/open-science.

研究新范式，为解决最紧迫的科学和社会挑战提供了新的机遇[①]。

这种新范式缘起于20世纪40年代兴起的各类学科交叉研究和使命导向的研究。2011年美国麻省理工学院教授、诺贝尔生理学与医学奖得主Phillip Sharp教授首次明确提出"融合"这一概念，认为融合式研究是通过整合原本被认为是分离和割裂的方法、技术、流程和设备来推动新的科学和技术进步。

"融合科学"本质上是一种大科学观，通过知识、技术和社会的融合（CTKS）探索出全新的研究思路，拓展人类认知与合作潜能。其突出特点为：以解决重大问题为导向和最终目标；覆盖从基础研究到产品开发完整创新链的链式融合；依赖于不同学科在共同的数据平台上交叉汇聚；鼓励多元创新主体协同参与。

（三）研究框架

"开放科学"与"融合科学"理论为分析数字化对国际科研合作的影响提供了理论依据。在吸收上述两个重要理论及分析国内外形势需求的基础上，提出"设施—模式—机制"的研究框架（图8-2）。其中，基础设施是数字化时代国际科研合作的根本保障；一体化融通科研模式是适应数字化时代国际科研合作的必要转变；多样化合作机制是保证数字化时代国际科研合作持续与繁荣的最佳选择。三者有机结合，相互影响，通过相互作用，共同推动数字化时代国际科研合作的新变革。此外，以数据为典型代表的资源是数字化时代开展国际科研合作的内核要素，科学家、工程师等人才创造知识、数据和技术，数据流又引领人才流、知识流、技术流，形成良性循环的科研合作生态系统。

---

① 肖小溪，甘泉，蒋芳，等. "融合科学"新范式及其对开放数据的要求[J].中国科学院院刊，2020（1）：3-10.

第八章 数字化时代国际科研合作的新趋势：设施、模式与机制革新

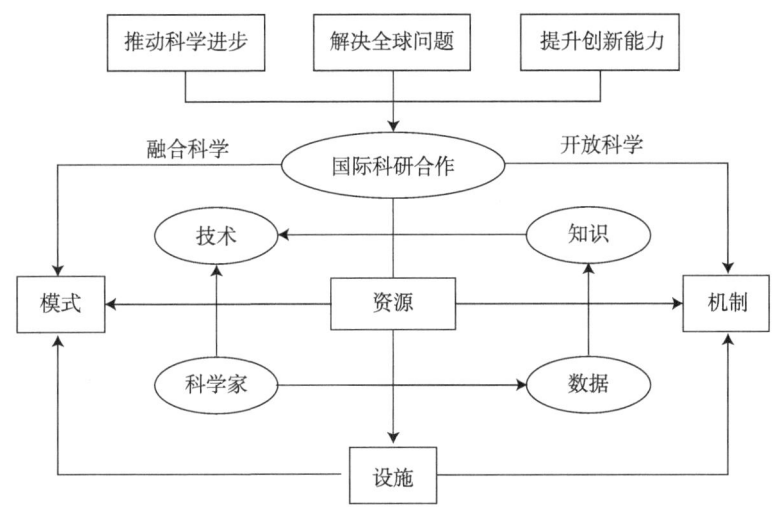

图 8-2 数字化与国际科研合作研究框架

三、数字化对国际科研合作的影响机制

当前，数字化正在重塑科学研究过程的所有阶段，从议程设定到实验开展，再到知识的生产与传播以及公众参与[①]。数字化对重要科学领域全球性合作的影响不仅包括采用最新信息技术建立新一代科研基础设施，还包括在此之上形成的一体化科学研究模式、多样化合作机制和更加高效的资源流动，形成"设施—模式—机制"的联动效应，促进国际科研合作向更加频繁和深远的方向发展。

（一）设施革新

在 21 世纪第一个十年的大部分时间内，网络信息技术对科研合作最主要的影响体现在基础设施层面。各国通过信息技术实现互联网上高性能计算资源、数据资源和服务资源的有效聚合和广泛共享，建立能够实现全球合作的虚拟和实体科研环境[②]。由此产生了数字化与科学研究的双向互动，一方面数

[①] OECD. Fostering science and innovation in the digital age [EB/OL]. (2018-05-10) [2020-05-25]. https://www.oecd.org/going-digital.

[②] CODATA 中国全国委员会. 大数据时代的科研活动 [M]. 北京：科学出版社，2018：6.

科研组织管理数字化转型研究

字化科研基础设施的建立为科学研究提供了支撑环境；另一方面以"数据密集型科学"研究为代表的科学研究又对高速宽带、超级计算机、大规模云计算等数字基础设施提出了更高要求。

在科研网络方面，下一代互联网、光网络、网络虚拟化等技术迅速应用到国际科研网络中，形成超越商用网络的先进网络服务能力。科研网络不仅为国际科研合作项目提供网络传输平台，也为全球科学家的合作提供协作沟通平台。为了在未来科研中取得更大竞争优势，美国、欧盟等都积极部署先进科研网络发展计划，现已形成北美的 Internet2、ESnet（Energy Science Network）、NLR（National Lambda Rail），欧盟的 GEANT 及亚太各国的科研网络。我国现有两大面向科学数据传输的专用网络——中国科技网（CSTNET）和中国教育与科研计算机网（CERNET）均实现了与 GEANT 和 Internet2 等的高速互联，可以提供高速的国际数据交换服务。在平台设施方面，从大型物理基础设施到数字基础设施，以连接性为核心的基础设施平台为全球科研合作提供强大的支撑环境。在高性能计算领域，我国上榜全球超级计算机 500 强榜单的超级计算机总数连续多年位居世界第一，接近美国的两倍，但在组织管理方面还有待提高。国际大型数据存储和共享平台等重大科研基础设施逐渐成为重要科研合作载体，正在为解决多学科数据交叉应用面临的一系列问题贡献智慧和方案。据 OpenDOAR 网站统计，全球开放存储库已达 3805 个，内容主题涉及 28 个学科[①]。

（二）模式革新

网络化合作改变了传统的科研模式，将基础研究、应用研究、技术开发和产品转化融为一体，形成一体化融通的研发模式，由此推动国际科研合作不仅跨越国界，而且突破传统线性创新链。传统科研模式中，创新价值链前端的基础研究部分多由科学界承担，价值链后端的技术应用和产品开发由产业界承担，相互之间没有形成有效的连接网络，科学研究和应用"两张皮"

---

① 国家科技基础条件平台中心. 国家科学数据资源发展报告 2018［M］. 北京：科学技术文献出版社，2019.

第八章　数字化时代国际科研合作的新趋势：设施、模式与机制革新

的现象层出不穷，无法有效支撑国家科技战略任务和解决全球重大科技问题。

随着信息技术的迅速突破和经济社会发展的迫切需要，一体化研发模式出现并加速了科学、技术与创新的融合，明显缩短了创新周期，极大提高了科研、工业与商业发展的效率。信息技术应用与网络化合作促使创新突破简单线性关系，创新链条前后端联系愈加紧密，高校、科研院所与企业的分工界限越发模糊，以华为为代表的领先企业开始进入基础研究领域。华为销售额的10%以上用于研究开发，2019年非常规原因研发投入大幅增加，总投入1317亿元，增幅29.8%。这种全链条创新的目标是形成自主关键核心技术，乃至技术标准体系[1]。

（三）机制革新

互联网、物联网带来的全球互联互通功能对科学研究交流与共享的方式产生了革命性影响，政府、科研机构、跨国企业等多个合作伙伴能够共同开展全球性研发活动，合作机制也突破了单一计划项目、园区基地、人才互访的局限，出现了战略联盟、虚拟团队、网络众包、协同平台[2]等新的方式。

第一，以美国国家航空航天局（NASA）为代表的国立科研机构设立创新数据平台，通过挑战赛、网络众包、开源等方式吸引合作伙伴，解决国防科技创新棘手问题。NASA参照美国开放计划设立一组创新数据平台，包括Open.NASA.gov、Data.NASA.gov、Code.NASA.gov等，他们既各自发展又互动合作。开放创新项目Open NASA用户囊括公众科学家、开发者、联邦雇员等，各类用户使用平台提供的数据和工具开展协作研究活动。NASA充分利用网络优势，集合了挑战赛、众包、开源等新型合作方式，通过与非传统创新思想源的对接，激发创新，推动国家科技合作战略。

第二，以e-Science为代表的虚拟研究团队出现，仿真和模拟是复杂科学问题必不可少的研究手段。在网络技术的强大支撑下，人们构造出一种全新的

---

[1] 文亚，王文军，朱春丽，等.全链条科技创新周期初探：以中国科学院物理研究所碳化硅研究为例［J］.中国科学院院刊，2020（6）：771-778.

[2] 李涛，高良谋."大数据"时代下开放式创新发展趋势［J］.科研管理，2016，37（7）：1-7.

科研合作模式和大科学工程，即 e-Science。它利用互联网联合组成一个共同的虚拟研究团队，通过全球性科研合作来共享资源和成果，协同工作共同完成大型的现代科学研究。在这种合作机制下，科学家直接面对的不再是各种分散的数据操作，与此相反，通过信息技术及其相应的实现程序，以往只能分散性进行的各种操作得到集成。科学家只需要提交任务请求，便可以通过单一的入口，无须考虑具体实现过程地接受集成化服务，大大提高了科研效率。

第三，以海尔为代表的跨国公司建立全球协同研发平台的合作机制，以"无缝连接"实现技术突破。海尔的每个研发中心都是一个独立的研发总部，既可独立运营，又可相互协同，各中心根据地域性技术优势不同而开展侧重点不同的研究内容。以冰箱为例，目前海尔建立了 5 个核心模块，每个研发中心各司其职，亚洲研究中心负责保鲜模块，美洲研究中心负责冰水模块，几个研发中心分布实现不同层面的创新。这种模式既能发挥各自优势，形成更专注、更聚焦的技术突破，又能促进研发平台之间深入互动和协作，形成"无缝连接"合力打造更具颠覆性的产品。

（四）资源流动

全球科技资源在数字化时代的流动性大大提升，科研群体共享的对象不仅有传统层面的数据、资料、信息，还包括科学家的智慧与劳动及科学仪器设备。

在众多科技资源中，科学与技术大数据成为科技领域又一次变革的战略生产资料，正在广泛渗透到各个方面。2019 年年初，爱思唯尔出版公司在其发布的《科研的未来：下一个十年的驱动因素与场景》报告中指出，科学数据的开放共享将成为下一个十年科研活动最显著的特征，有望引发科研组织模式与科研创新的重大变革[①]。科研人员将不再局限于自己的"一亩三分地"，而是能够快速地跨越地域、专业的界限，通过科学数据的交流加速科研合作研究进

---

① MULLIGAN A, HERBERT R. Research futures: drivers and scenarios for the next decade [EB/OL]. (2019-02-14)[2020-06-18]. https://www.elsevier.com/connect/elsevier-research-futures-report.

第八章　数字化时代国际科研合作的新趋势：设施、模式与机制革新

程。这充分表明，数据的价值在于流动，具有无限复制性和更强的通用性。数据的有效流动需要更多激励措施与质量控制、更复杂的博弈策略选择与平衡。此外，数据也会为科学家流动、科学仪器设备共享提供一定的基础，对其他科技资源具有带动作用和倍增作用，以数据流引领人才流、知识流、技术流，形成良好的科研合作生态系统，从而提高知识创造和技术创新的效率和质量。

然而，正如"一币两面"，开放科学理念不一定带来平等的科研产出结果，数字化过程中也会引发科技资源向大型科研机构和巨头企业集聚，导致科学与技术领域两极分化的现象进一步强化，后发国家与发达国家间差距进一步拉大。以中美科研机构合作为例，2018 年在高质量科研产出最多的 10 组中美合作机构中，有 7 组涉及中国科学院（图 8-3）。此外，亚马逊、苹果公司、谷歌公司（以下简称"谷歌"）、脸书等互联网寡头企业在实现资源高度集聚的同时，也在隐私保护、内容监管、公平竞争等方面广受质疑。

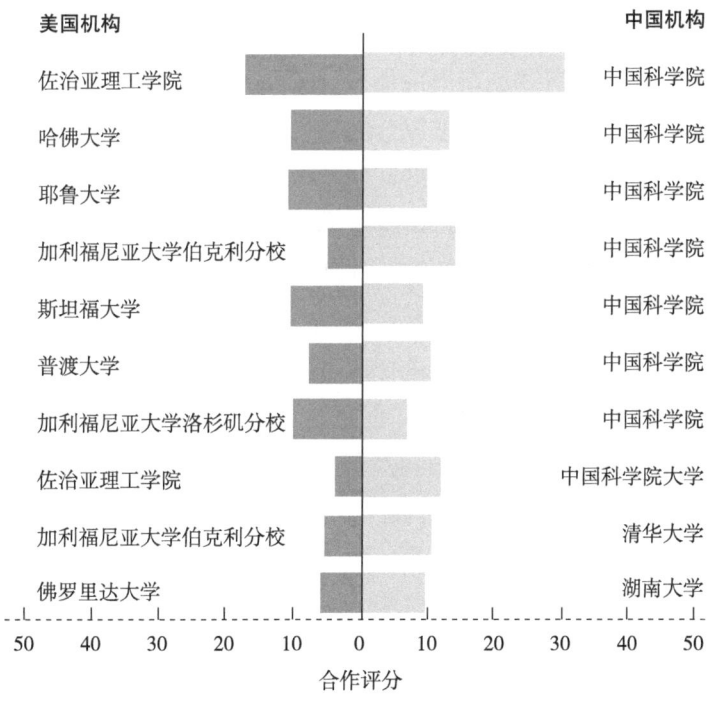

图 8-3　2018 年高质量科研产出的 10 组中美合作机构

（资料来源：2019 年《自然》增刊"自然指数—科研合作和大科学"）

四、推动我国科研合作全球化的政策重点

在大国博弈、数字化转型、新冠肺炎疫情、逆全球化等众多因素交织的背景下，我国更加应该把握科技革命带来的百年未有之机遇，积极推动国际科研合作，让合作哲学成为科学领域的主流话语。

第一，加强支撑全球合作的数字基础设施建设。基础设施是科学研究的基石，而未来10年将是新型数字基础设施的安装期[①]，需要加快构建新一代高效的计算、数据、网络、资源平台等基础设施，满足全球科技创新与开展科研合作的需求。不仅要加强存储、计算等软硬件设施建设，为"数据密集型"科研范式提供必要支持，还要重视高性能互联网络建设，改善基础设施互联互通，实现从单机智能到系统智能的合作思维转变。推动数据等资源的自由流动，并进一步打造能为学科交叉的研究开发和服务提供资源的平台。

第二，推进适应任务牵引、使命导向的融通科研组织模式。从基础研究到市场化的全链条科技创新周期很长，需要"数十年磨一剑"的积累。面向重大战略任务和使命，为了缩短全链条科技创新周期，需要充分利用大数据、人工智能、区块链等新一代信息技术，推动建立适应数字时代需求和符合科研规律变化的一体化融通科研组织模式。未来需要加快建设使命导向的国家战略科技力量，改革完善政府科技计划（科学基金）的资助方式，逐步推进适应融通科研模式的资助体系。科研项目资助机构的系统平台也需要围绕一体化创新项目的资助和管理进行调整和优化。建立鼓励跨学科合作、融合各学科的技术专长的评价体系，促进科学家自由交流、全球科技资源整合，推动一体化科技创新进一步跨越国界，提升解决重大问题的能力与效率。

第三，主动承担国际责任，构建层次和类型更为丰富的国际科研合作网络。虽然当前西方不少学者预测在疫情影响下全球化将进一步转向"自给自足"，但我们认为，不断改进和丰富国际科研合作机制，以构建人类命运共同

---

① 阿里研究院.安筱鹏：未来10年是新型数字基础设施的安装期[EB/OL].（2019-10-28）[2020-06-11]. https://www.sohu.com/a/350140989_384789.

第八章 数字化时代国际科研合作的新趋势：设施、模式与机制革新

体为责任，才是应对复杂挑战、化危为机的最佳途径。未来需要改变对效率边界的认识，从追求"所有权"到注重"使用权"，改变国际人才使用观念，从追求"为我所有"到注重"为我所用"。充分发挥网络组织特征，运用"公众科学"、虚拟团队等新型合作方式，在全球范围内吸收科学家和工程师的智慧；"就地"建设研发中心，发挥地方资源和地方知识优势；构建虚拟科研平台，突破科研组织边界，提高资源利用率。进一步丰富国际合作网络，推动联合国可持续发展目标的落实。

第九章

建立发展与安全相协调的跨境数据流动规则体系

数据正在成为改变全球竞争格局的关键力量。其中,全球数据流动对经济增长有明显的拉动效应。根据OECD测算,数据流动对各行业利润增长的平均促进率为10%,在数字平台、金融业等行业中可达到32%。对于数据的掌控能力已经成为衡量各国核心竞争力的重要指标之一,而数据掌控能力核心在于对跨境数据流动和数据主权的掌控。基于此,世界各国加紧构建符合自身利益的数据跨境流动政策制度体系,但在跨境数据流动规则方面仍未达成共识,跨境数据流动的国际协调和国内监管也面临新局面与新挑战。

一、世界各国加强跨境数据流动规制

当前,全球数字化转型加速推进,加之受新冠肺炎疫情等影响,跨境数据流动的重要性日趋凸显,其本质是大国间对于数据主权的竞争。越来越多的国家和国际组织围绕数据治理问题进行整体部署,试图通过强化对跨境数据流动和数据主权的掌控,扩大对全球数据驱动型经济和网络空间数据主权的影响。

(一)美欧等发达国家在限制数据出境基础上加强跨境执法

美欧在跨境数据流动规则制定中占据领先地位,但二者采取了不同的立法模式和治理标准,存在难以弥合的分歧。

一方面,美国打造符合自身利益的跨境数据流动规则体系,力图建立以

第九章 建立发展与安全相协调的跨境数据流动规则体系

其为中心的国际数字生态系统。一是反对数据保护主义,允许境外数据自由流入但限制国内数据流出。为了防止行业恶性竞争、隐私泄露和国家安全受到威胁等,美国反对科技巨头互联网平台"双重垄断",对涉及国防和国家安全的数据采取限制性措施。美国战略与国际问题研究中心(CSIS)于2021年4月发布《亚太地区的数据治理》报告,建议拜登政府发挥美国世界最大经济体的主导地位,形成具有全球共识的数据治理"布雷顿森林体系"。二是凭借已有技术经济和数据市场优势,对全球数据实施基于"自由秩序"、国家利益的"长臂管辖"。例如,2018年3月,美国政府颁布《澄清境外合法使用数据法》(以下简称《云法案》),简化美国政府跨境调取数据流程,进一步强化了"谁拥有数据谁就拥有数据控制权"的理念。

另一方面,欧盟倾向在保持高度隐私、安全和道德标准前提下,推动单一数据市场的构建。欧盟颁布《通用数据保护条例》(GDPR)、《关于非个人数据自由流通的规定》(FFD)及一揽子数据战略,加强成员国之间的数据共享,平衡数据的流通与使用,以打造欧洲共同数据空间。2020年7月,欧盟法院判决认定欧盟与美国之间关于跨境数据传输的《隐私盾协议》无效,使美国公司无法继续通过该协议将欧盟的个人数据传输到美国。这一判决是美欧在跨境数据流动规则领域持续争夺和博弈的最新体现。

(二)新兴国家要求数据本地化存储

面对激烈的数据竞争环境,处于相对弱势的新兴国家采用实用主义策略,表现为数字时代紧缩立场,或称为"数据防御主义"。新兴国家通过数据本地化策略,即守住自有数据控制权的自助方式来满足自身安全需求。对跨境数据流动的限制性措施主要包括:一是要求跨国企业在本国开展业务或提供服务时需在本国境内建立数据中心;二是对数据存储和服务器地址提出本地化要求。例如,中国在《中华人民共和国网络安全法》中明确规定,关键信息基础设施在中国境内运营中收集和产生的个人信息和重要数据应当在境内存储;越南要求跨国互联网服务企业必须在本国设置数据中心;印度逐步推进数据本地化政策,要求建立数据中心,强制金融数据本地化存储,印度中央银行规定2018年10月15日之前,所有在印度的支付企业都要将数据存储在印度本地，禁止支付数据出境。2020年，印度与南非共同向WTO提交《关于暂缓征收电子商务关税的范围及影响》报告，明确提出反对将免关税的范围从数据传输本身扩大到数据传输内容，即数字产品上。

（三）国际组织推动跨境数据流动规则加速整合

近年来，面对快速发展的数字化转型态势，各国际组织更加重视互联互通、聚焦数据价值释放。2019年1月，76个世贸组织成员共同签署《关于电子商务的联合声明》，确认将在WTO现有协定框架基础上，开展电子商务多边谈判。2021年8月召开的G20数字经济部长会议及9月召开的联合国大会，都将数据治理和数据流通作为重点议题之一，各国强烈呼吁国际社会加强数据互联互通，弥合数据流通分歧。2021年10月，七国集团（G7）贸易部长会议发表关于数字贸易的宣言，提出了可信数据流动的若干原则，包括为支持数字经济和商品与服务贸易，数据应当在可信的个人和商业机构间进行跨境流动等内容。G7倡议不但拓宽了跨境数据流动的涵义和监管适用范围，还就管理跨境数据使用和数字贸易原则达成一致，提出将在美欧制度之间找到中间立场。

二、我国跨境数据流动政策的进展与不足

近年来，我国跨境数据流动治理框架日益形成，有关跨境数据流动及"数据出境"的法规标准持续出台。2017年正式实施《中华人民共和国网络安全法》，基本形成"本地储存，出境评估"制度。此后，发布《个人信息和重要数据出境安全评估办法（征求意见稿）》和《信息安全技术 数据出境安全评估指南（征求意见稿）》，细化了跨境数据流动安全评估操作流程。2020年的《中华人民共和国数据安全法（草案）》更加强调了参与国际相关规则制定，以及与其他国家或地区规则体系的衔接。2020年，商务部提出在条件相对较好的地区开展跨境数据传输安全管理试点，指定北京、上海、海南、雄安新区负责推进。2021年10月发布的《数据出境安全评估办法（征求意见稿）》，为我国跨境数据流通提供了重要的配套落地规则。可以说，我国的跨境数据

第九章 建立发展与安全相协调的跨境数据流动规则体系

流动规则体系不断完善，但仍存在一些不足。

（一）跨境数据流动规制顶层设计不足，数字治理规则话语权存在缺失风险

一是缺乏明确的战略目标，跨境数据治理的国际规制缺失。作为新兴国家中的数据大国，我国尽管在数据跨境方面制定了《中华人民共和国数据安全法（草案）》，明确了数据治理基准和原则，但相较于美欧推进的全面数据战略和顶层设计还存在差距。我国目前还没有一套具有顶层设计意义的跨境数据规制和国际战略，导致跨境数据流动规则体系建设滞后，在数字治理国际规则制定中的话语权较低。二是强调"数据本地化"，可能被发达国家"数字同盟圈"边缘化。基于"属地原则"的"数据本地化"政策，虽然最大限度保障了国家安全、公共安全和个人隐私安全，但也导致我国通过协议打通与美欧日的数据传输通道存在较大障碍，存在被"数字同盟圈"边缘化的风险。如前文所言，美欧虽在数据跨境流动规制方面有所分歧，但从欧盟近年的区域贸易协定可以看出，欧盟有逐渐向美国靠拢趋势，而日本在数据跨境流动方面也与美国趋同。三大经济体将吸引更多发达国家加入其形成的"利益共同圈"，而将我国排斥在外并抵消我国在区域贸易协定方面取得的进展，导致我国无法主动对接发达国家跨境数据流动规则体系。三是制度构建处于起步阶段，无法有效应对发达国家的管辖主张。美欧等网络技术成熟的发达国家凭借技术优势垄断网络规则制定权，推行体现本国价值理念的数据治理主张，对我国的竞争态势和打压力道持续增强。针对上述情况，我国在制度与立法方面还未做出有效回应，当前数据跨境流动规定多以原则性、概况性为主，立法也更多侧重于"个人信息"保护，对企业数据虽有规定但可操作性和实践指导性尚待加强，特别是针对发达国家管辖给我国数字企业带来的巨大挑战，如何赋予这些企业充分的数据合规动力，并指导其完成数据合规工作、更好地走向海外，变得尤其紧迫和必要。

（二）与其他新兴经济体开展数据跨境领域的战略合作面临诸多挑战

总体来看，欧美发达国家原则上采取鼓励数据跨境流动政策，而信息技

科研组织管理数字化转型研究

术能力相对较弱的新兴国家只能采取数据本地化防御性策略，但数据本地化并非长久之计，将带来可预见的负面影响。因此，我国需要加强与其他新兴国家之间的战略合作。但目前主要面临如下问题。

第一，美欧日等发达国家主导现有跨境数据流动规则体系，加剧了发展中国家"数字鸿沟"问题。现有跨境数据流动规则体系主要包括美国主导的跨境隐私规则体系（CBPR）、日本主导的基于信任的数据自由流动体系（DFFT），以及欧盟主导的《通用数据保护条例》（GDPR）。上述国家（地区）均在不同国际场合通过各种方式，引导其他国家参与其主导的规则体系。在美国的推广下，截至2021年11月，APEC中共有9个经济体加入了CBPR体系。自2019年G20大阪峰会上提出DFFT以来，日本在各类与东盟合作的场合积极向东盟推介，如在日本湄公河合作框架内特别新增了DFFT内容，强调各方认识到数字经济发展的重要性，同时提出尊重各国现有国内法律和国际法律法规，以增进消费者和企业的信任。欧盟近年来也积极利用其"国际规范引导者"的角色，加强GDPR的规范塑造力。2018年实施的《通用数据保护条例》，直接影响了一些新兴国家的数据立法。例如，巴西的数据保护法规就遵循了与GDPR类似的原则，规定了个人数据可跨境流动的9种情形。印度的个人数据保护立法草案也以GDPR为基础，同时对跨境数据流动提出了更高要求。美欧日加大对跨境数据流动规则制定权的竞争与合作，会让发展中国家面对一个"跑得更快"的发达国家集团，加速导致数字发展的不平衡性，为新兴国家追求数据公平的发展权，并在公平发展权基础上追求跨境数据的国际合作权带来重大冲击。

第二，大国的地缘经济博弈加剧，美国构建排斥中国的数字时代的印太经济框架。当前，美国凭借自身强大的数字经济实力和技术优势谋求"美国优先"，通过采取政治施压与经济诱导双管齐下的方式，极力促使新兴国家接受美国的数据规则。2018年颁布的《云法案》规定，在美国政府提出要求时，所有美国企业必须将储存在境内外的数据提交给政府。2018年修订《外国情报监视法》，规定"谁拥有数据谁就拥有数据控制权"原则，确保政府可跨境调取数据。2022年2月12日，白宫公布《美国印太战略》文件，明确美国在"印太地区"的政策特点，即在对象上极端重视安抚拉拢印度和东盟，第一次

第九章 建立发展与安全相协调的跨境数据流动规则体系

明确提出支持"一个强大的印度"。美印将在网络空间等新领域加强合作,在经济、技术领域深化合作,数据也将是其中非常重要的一部分。与此同时,美国将与合作伙伴(日本、韩国、新加坡、马来西亚等)共同探索印太经济框架的发展。美国商务部长吉娜·雷蒙多表示,美国不准备重返"跨太平洋伙伴关系协定"(TPP)或加入"全面与进步跨太平洋伙伴关系协定"(CPTPP),而是设想"一种服务于新经济的新型经济框架,即多边数字贸易框架",这些都为新兴国家之间加强跨境数据流动战略合作带来不小的难度。

三、加快建立发展与安全相协调的全球跨境数据流动规则体系

为了避免美西方国家形成将中国排斥在外的规则制定圈,我国需要统筹好发展与安全的关系,尽快提出和推广跨境数据流动规则的"中国方案"。一方面,要充分保障国家安全、公共安全和个人隐私安全,确保数据不被滥用;另一方面,在确保安全的基础上,促进全球跨境数据流动,切实发挥数据支撑经济社会发展的重要作用。

第一,加强规制顶层设计,提高跨境数据流动规则体系的系统性。应将跨境数据流动作为一个独立的议题进行研究部署。要加强顶层设计,成立专门的数据保护监管机构,明确跨境数据流动规则体系的主导思想和总体安排。在完善相关立法的基础上,出台专门的顶层设计文件,统筹国内数据治理与跨境数据流动的关系,协调跨境数据流动中安全与发展之间的关系。例如,对涉及网络数据搜集、存储的企业进行审查和管理,针对涉及跨境数据流动的企业建立专门审核机制。坚持尊重国家数据主权主张,探索建立安全有效的数据存储体系,完善本地化存储之外的数据保护措施,通过技术创新和机制设计实现数据的安全存储和自由流动,为建立与国际接轨的跨境数据流动体系奠定基础。

第二,融入国际数据治理,主动参与国际数据规则议题谈判和国际协议制定。在数据安全可控的前提下,未来我国需要依据条件逐步去除消极防御色彩,更为主动地参与国际数据规则议题谈判,树立与我国数字经济相匹配的数字大国形象。将数据跨境流动纳入双、多边贸易投资谈判内容,加强与

欧盟、英国、日韩之间的规制协调，抓住 RCEP 协议达成的契机，积极与欧洲和亚太地区重要贸易伙伴国达成数据流动认证协定，促进数据合法有序流动。根据域外相关国家和地区的数据保护情况及对等原则，建立动态"跨境数据流动白名单"机制，将部分国家和地区根据产业类别纳入可自由接收数据的目的地。

第三，加强国际合作，构建中国特色全球跨境数据流动规则体系。全球数字经济迫切需要新的合作机制和规则来保护数字贸易和数据自由流动，作为新兴大国中的一员，我国应加快构建中国特色全球跨境数据流动规则体系。一是寻求最大公约数，加强与新兴国家之间的科技合作，推出多边机制下的跨境数据流动监管框架和规范文本，利用多边机制的召集力和广泛影响力，达成相关协议。着力推进"一带一路"合作框架下数据流动协议与标准的制定，构建数字空间命运共同体。二是积极探索以区块链、大数据等为代表的新技术方案。通过区块链、大数据等技术实现"数字互操作性"，以支持基于数据的健康、气候变化研究及共同抗疫等方面的跨境合作，努力推动全球跨境数据流动规制形成新局面。

第十章

推动我国ICT产业低碳化发展的挑战与路径

在当前的时代背景下,发展新经济与推动实现碳达峰碳中和目标是我们的共同追求。一方面,我国经济增长动能转向新兴产业,以互联网、信息通信技术产业为代表的新经济增长迅速,已经成为我国核心竞争力之一。另一方面,要实现碳中和目标,我国面临的一大挑战是,传统意义上低能耗服务业或将成为新的能耗"大户",特别是信息通信技术(ICT)产业的能源消耗量与二氧化碳排放量均呈现逐年增长趋势。因此,为了兼顾经济社会可持续发展与实现碳达峰、碳中和目标,ICT产业成为我国节能减排亟须开拓的新领域。

一、碳中和背景下ICT产业赋能与减碳的重要意义

发展新经济与实现碳达峰碳中和目标是一项系统工程,对ICT产业来说,既要发挥数字技术驱动作用赋能其他产业节能减排,又要达到本产业自身减碳目标,实现发展范式革命性转型。

(一)数字化转型与碳中和目标相互耦合、互相促进

数字技术与传统重点产业深度融合将促进产业全方位全链条升级改造,实现生产效率与能效的双提升。主要体现在:一是技术进步本身带来的能效提升,5G技术的单位数据传输能耗更低,有助于降低智能手机、物联网和其他终端设备的电池消耗,深度神经网络通过学习可以促进数据中心节能,

避免大量能源消耗；二是带动产业链结构的优化，人工智能、工业互联网等技术对工业、能源、建筑、交通基础设施和上下游体系的改造，将助力构建绿色经济，使各产业垂直领域的连接更加紧密、反应更加智能、整体更加高效，从而大幅减少物耗和能耗。

（二）ICT产业在减碳方面存在巨大潜力和空间

信息技术已为减碳做出贡献，但信息通信技术产业本身也产生了一定的碳排放。加拿大麦克马斯特大学的研究显示，2020年ICT产业温室气体排放占全球温室气体排放的3%~3.6%。如果不加控制，到2040年ICT产业温室气体排放将相当于2016年全球温室气体排放的14%。随着产业结构不断优化调整，特别是2020年新冠肺炎疫情为数字化进程按下"快进键"，数字技术对其他领域的融合扩散将更加迅猛，未来十年ICT产业的能耗与碳排放将呈现快速增长趋势。

ICT企业大致分为三大类别，分别是电信运营商、设备生产商及互联网企业。研究显示，ICT产业的能源消耗范畴主要包括数据中心、信息通信网络、终端设备3个方面。2019年，数据中心能源需求占全球能源需求的近1%。据估算，生产终端设备的碳成本几乎超过使用这些设备的碳成本。因此，延长手机、IPAD等智能终端设备的使用寿命至关重要。根据华为瑞典研究院测算，2020年全球ICT产业的能耗约20 000亿千瓦时，预计到2030年最高将增长61%达到32 190亿千瓦时（表10-1）。因此，为了使数字技术对我国各行业的减排效应发挥到最大，ICT产业自身的耗能和碳排放问题需要得到重视。

表10-1 2020年与2030年全球ICT行业能耗预测

单位：亿千瓦时

年份	数据中心	信息通信网络	终端设备	生产制造
2020	2990	2690	10 390	3810
2030	9740	8740	10 730	2980

二、ICT 企业碳减排的国际经验

碳中和不仅是国家层面关注的重点议题，更是企业应该承担的重要责任。目前，美国十大互联网企业中，已有 5 家实现使用 100% 可再生能源、6 家实现碳中和（表 10-2）。这些互联网公司的具体经验做法包括以下几个方面。

表 10-2　美国十大互联网公司碳中和进程

公司	100% 可再生能源		碳中和	
	实现时间	目标时间及目标任务	实现时间	目标时间及目标任务
苹果	2018 年			2030 年
微软		2025 年	2012 年	2030 年实现碳负排放
谷歌	2017 年		2007 年	2030 年实现全球范围内 24 小时全天候无碳能源
亚马逊		2025 年		2040 年
Facebook	2020 年		2020 年	2030 年在整个价值链上实现温室气体的净零排放
PayPal		2023 年		2040 年
Adobe		2035 年	2013 年	
Salesforce		2022 年	2017 年	
Netflix	2019 年		2022 年	
Intuit	2020 年		2015 年	以 2018 年的碳足迹为基准，到 2030 年减少 50 倍的碳排放量

（一）设计高效数据中心、使用可再生能源和应用新技术，以减少能源消耗

数据中心是用能非常集中的大型设施，绿色低碳转型是其必然发展方向。微软计划到 2025 年实现使用 100% 可再生能源来运行其数据中心，目

前正在进行研究测试水下数据中心性能和能源效率的"Natick"实验项目。谷歌公司采取多种技术手段，如利用机器学习优化冷却系统将冷却耗能减少15%，计划到2030年完全转向零碳能源为其数据中心提供动力。苹果公司所有数据中心将使用可再生能源，并通过无空气制冷和使用动作传感灯进一步减少能量的消耗。

（二）发展绿色节能建筑，创建可持续发展的办公场所

谷歌办公场所的设计、建造、运行都遵循可持续发展标准，获得绿色建筑认证体系（Leadership in Energy and Environmental Design，LEED）认证的面积越来越大，园区内充电桩和共享单车数量不断增多。其中，谷歌位于Pancras Square的伦敦办公室是全球首家获得ILFI零碳认证的建筑。微软推动自身及整个行业内采用更为环保的建筑材料，并研发可持续发展的建筑材料。近期发布的Zerix项目，通过使用可生物降解塑料、可持续印刷电路板和生物混凝土材料，来实现微软数据中心及其他建筑的零隐藏碳和净零废料。

（三）采用绿色编码和算法、积极回收硬件设备，以减少碳足迹

利用编程可以编写出消耗产能最小的算法，并且提出可持续发展的创新方案。例如，网飞、谷歌和领英使用耗能最少的程序语言，康奈尔大学开发出帮助用户评估他们碳足迹计算的线上工具。在硬件设备方面，谷歌承诺到2022年公司生产的所有产品都将使用可回收材料。惠普于2020年开始，在全部运营项目中使用40%的可再生能源，并将在未来达到100%，到2025年实现其打印和个人系统产品组合中的塑料回收量提高到30%。

（四）发展绿色金融，运用债券、关税、区块链网络等工具，助力节能减排

2020年，谷歌发行了57.5亿美元的可持续发展债券，用于资助正在进行的和新的对环境或社会负责的项目。Facebook通过设计绿色关税、建设基础设施或提供特定项目的使用权，使其他公司和组织获得可再生能源。2018年开始，IBM公司与环保科技公司Veridium Labs合作，将碳信用额转变为数字

代币。2021 年，Veridium Labs 又在 IBM 的帮助下推出区块链网络，追踪企业购买和出售碳信用额度的活动。

三、我国 ICT 产业低碳化发展的进展与主要问题

中央和地方政府已制定了推进建设绿色数据中心的政策，电信运营商和领先的 ICT 企业也积极响应，参与到实现碳中和的行动中来，但仍面临一些亟待改进的问题。

（一）推动 ICT 产业低碳化的主要进展

第一，中央和地方政府陆续出台政策推进建设节能型绿色数据中心。2021 年 10 月，国家发展改革委等部门联合发布《关于严格能效约束推动重点领域节能降碳的若干意见》。鼓励重点行业利用绿色数据中心等新型基础设施，实现节能降耗。北上广深为首的核心一线城市纷纷推出节能减排政策，对互联网数据中心（Internet Data Center，IDC）的电源使用效率（Power Usage Effectiveness，PUE）进行严格控制，在限制能耗总量的基础上大力推进绿色数据中心建设（表 10-3、表 10-4）。

表 10-3 2019—2021 年数据中心绿色节能相关重点政策（中央层面）

发文机关	时间	政策名称	主要内容
工业和信息化部、国家机关事务管理局、国家能源局	2019 年 1 月	关于加强绿色数据中心建设的指导意见	到 2022 年，数据中心平均能耗基本达到国际先进水平，新建大型、超大型数据中心的电能使用效率值达到 1.4 以下
国家发展改革委、中央网信办、工业和信息化部、国家能源局	2020 年 12 月	关于加快构建全国一体化大数据中心协同创新体系的指导意见	强化数据中心能源配套机制，探索建立电力网和数据网联动建设、协同运行机制，进一步降低数据中心用电成本，东西部数据中心实现结构性平衡，大型、超大型数据中心运行电能利用效率降到 1.3 以下

续表

发文机关	时间	政策名称	主要内容
国务院	2021年2月	关于加快建立健全绿色低碳循环发展经济体系的指导意见	加快信息服务业绿色转型，做好大中型数据中心、网络机房绿色建设和改造，建立绿色运营维护体系
国家发展改革委、工业和信息化部、生态环境部、市场监管总局、国家能源局	2021年10月	关于严格能效约束推动重点领域节能降碳的若干意见	新建大型、超大型数据中心电能利用效率不超过1.3。到2025年，数据中心电能利用效率普遍不超过1.5

表10-4　2020—2021年数据中心绿色节能相关重点政策（地方层面）

地区	时间	政策名称	主要内容
北京	2020年6月	北京市加快新型基础设施建设行动方案（2020—2022年）	新型数据中心遵循总量控制，缩减存量低效率小规模数据中心，发展大型数据中心
北京	2021年1月	北京市数据中心统筹发展实施方案（2021—2023年）（征求意见稿）	年均PUE高于2.0的备份存储类数据中心逐步关闭，新建云数据中心PUE不高于1.3等
上海	2020年5月	上海市推进新型基础设施建设行动方案（2020—2022）	新增数据中心PUE不超过1.3，建设E级高性能数据中心
上海	2021年4月	上海市数据中心建设导则（2021版）	进一步促进该市数据中心合理布局和统筹建设，在建筑节能、供配电节能、制冷节能、IT设备节能等方面规范数据
广东	2021年4月	广东省能源局关于明确全省数据中心能耗保障相关要求的通知	加大节能技术改造力度，以节能技术标准倒逼传统数据中心加快绿色节能技术改造（"十四五"期间PUE值需降至1.3以下）
浙江	2020年7月	浙江省新型基础设施建设三年行动计划（2020—2022年）	鼓励开展绿色节能、高效计算的区域型云数据中心建设

续表

地区	时间	政策名称	主要内容
深圳	2021年1月	深圳市数字经济产业创新发展实施方案（2021—2023年）	统筹布局基于云计算和绿色节能技术的数据中心建设，推动数据中心向规模化、集约化、智能化、绿色化方向发展

第二，电信运营商持续稳步推进5G网络共建共享，加速移动通信网减排。2021年上半年，中国电信和中国联通新开通5G基站8万个，双方累计开通5G基站超46万个，节省了超过860亿元人民币，实现一线城市覆盖及网络感知双领先。通过4G/5G网络共建共享，合作双方累计节省超过千亿元人民币，节省费用包括铁塔使用费、电费和网络维护费等网络成本。

第三，领先的ICT企业制定绿色发展战略，探索低碳化发展模式。一是领先的ICT企业将可再生能源使用列为长期发展战略。随着成本下降，2018—2019年，越来越多的ICT企业通过市场采购绿电。其中，阿里巴巴、秦淮数据集团、万国数据服务有限公司、百度在线网络技术（北京）有限公司的个别数据中心，实现了较大规模市场化绿电交易。二是领先的ICT企业实施全链条减碳，从生产、营销和管理等各个角度实现节能减排。联想集团把绿色设计贯穿到产品全生命周期当中，革新绿色工艺，打造绿色供应链，参与绿色制造体系建设工作，致力于在2021年减少40%温室气体排放量。

（二）我国ICT产业减碳面临的主要问题

目前来看，虽然我国在建设绿色数据中心方面已出台相关政策并具备一定基础，但在ICT产业碳减排方面还缺乏系统性政策，在数字技术赋能碳减排领域还缺乏研发专项和示范工程支持。

一方面，企业尚未将绿色环保理念充分融入生产经营；另一方面，越来越高的碳排放成本，使得企业很难主动参与到实现碳中和的行动中来。具体而言：一是大多数机构基本没有意识到ICT对环境的影响，并不认为这是一个值得关注的领域，缺乏明确的发展战略和行动。二是大多数ICT企业获取能耗数据存在困难，无法收集到足够多的数据来确定其网络的关键弱点。三是大多数ICT企业只有信息技术方面人才，缺乏可再生能源技术、电气化技术等低碳技术方面的专业人才，缺乏碳减排、碳替代相关知识。

四、推动 ICT 产业减碳的政策建议

第一，在国家层面，加强顶层设计，探索设立数字技术支撑碳减排的研发专项和示范工程。参考国际经验，尽快出台 ICT 技术赋能和 ICT 产业减排的总体规划，扩大数字基础设施应用可再生能源规模。在具体任务层面，探索设立数字技术赋能碳减排研发专项和示范工程。数字技术研发专项主要围绕促进数字技术融合、支撑低碳发展体系建设方向，包括建立供能模式分析、碳排放核算、能耗预测等模型。整合资源力量，在中关村、上海张江、杭州等国家自主创新示范区，建设数字技术赋能碳减排综合试点示范工程，逐渐形成可复制、可推广的"数字赋能碳减排"经验，提高能源利用率和生产效率。

第二，在企业层面，构建节能降耗绿色网络，实施 ICT 产业全链条产品碳足迹管理。ICT 企业涵盖数据中心建设与海量数据处理、网络铺设、终端设备产品销售与回收等业务，需发挥产业链上下游利益共同体的协同作用，从原料供应、生产制造、产品规划、产品使用、产品回收等环节，实现产品全生命周期的碳减排。例如，在产业上游的生产制造环节，依托 5G+ 工业互联网、AI 等多种技术，实现更高效、更智能的生产节能减排。提高服务器的能源效率，优化冷却系统节能，推进 LEED 绿色建筑评级认证。ICT 企业更大减排空间集中在产品制造与售出以后的使用领域，其排放量是企业自身运营排放的 10 倍以上，因此需要深化物料循环利用。

第三，推动国际合作，鼓励 ICT 企业、研发机构等与国际同行积极开展交流合作。一方面，要充分利用全球绿色低碳转型的共识与契机，与欧美等发达国家开展技术合作，借鉴其节能减排相关技术与治理方面经验，缩小与发达国家碳减排技术差距，加速我国 ICT 产业的低碳转型发展，助力我国碳中和目标的实现。另一方面，要依托绿色"一带一路"建设、南南合作等机制，带动 ICT 赋能技术产品、标准走出去，为全球应对气候变化和提升能效贡献中国智慧、中国方案。

第十一章

政策建议与结论展望

数字化变革肇始于信息技术,从通用目的技术向大众技术转变,信息资源从理论概念转变为渗透到经济社会发展所有领域、各个环节不可须臾或缺的基本要素。这一变革促进研发活动的去组织化和再组织化[①],在组织规模、资源要素、流程管理、协同合作等各个方面产生了深刻的影响。为了更好地推动我国科研和研发活动快速适应数字化带来的影响,更好地解决在科研组织模式转型过程中遇到的问题,尝试提出以下几方面的建议。

一、总体政策建议

科研活动和研发活动组织采取何种模式,唯一的标准是能够促进科学研究的发展。结合科学研究的两大使命——探索未知领域、满足社会需求,对于科研组织模式的设定,应该符合的基本原则是既可加强学科积累、促进系统集成,又能够灵活跟踪学科前沿,快速响应国家需求,从而提高原始创新、核心技术攻关等能力。在数字化转型背景下,建议我国在科研组织模式上采取宏观组织系统化、数据管理规范化、创新治理敏捷化、协同合作多元化的机制,进而提升国家科技创新的效能。

(一)创新组织机制,系统改善科技计划、科研项目管理方式

第一,适应一体化研发趋势,建立面向应用场景的可动态调整的科技计划论证实施机制。在科技计划制定上,从宏观上、全局上指导和统领科学研

---

① 李哲. 中国的科技创新之路:经验与反思 [M]. 北京:科学出版社,2020:154.

科研组织管理数字化转型研究

究工作，面向经济建设和产业需求，建立灵活快速回应产业界需求的研发计划选题机制。一是政府在进行科技规划（计划）布局时，增加市场主体制定、实施环节中的话语权，安排一定的经费用于选题的咨询论证，基于市场需求和科学研究前沿发展趋势进行科学调查和论证，试点企业家匿名评审制。二是对于产品目标导向的重大研发需求，需完成技术就绪水平、技术路线图、产业路线图、国际技术产品对标等分析材料并通过行业专家匿名评审通过。三是建立科技规划（计划）实施全程监控机制，及时反馈由于对技术难点、市场变化预判不足导致的计划实施停滞或偏差，适时调整战略目标和技术路线。

第二，资助各种规模的团队，探索有效的科研项目分类组织管理模式。在数字化转型背景下，充分遵循科学研究的不同特点和规律，对科研活动进行分类管理，实现政府支持与科技创新的有效对接。一是在基础研究和前瞻性研究方面，资助更多小型团队，让更多社会公众参与和从事研究工作，在经费上提供长期稳定支持，建立合理的绩效评价机制和容错机制，实现对基础研究和前瞻性研究承担者的激励与约束平衡。二是在关键核心技术攻关研究方面，重点资助和培养大型团队，加快形成使命导向的战略科技力量体系。对具有突出优势的创新主体予以适当的稳定支持，同时也设立一定比例的竞争项目，特别是针对技术经济范式尚未明确的技术领域，选取多个研究团队围绕不同技术路径开展"背靠背"研究。三是赋予各种研究团队在技术路线、经费使用方面对课题进行调整、中止的权限，鼓励科研人员自由探索非共识项目（包括不同的研究方向和技术路线），有效统筹需求导向和兴趣导向。四是在对策建议类研究方面，宜采取成果赎买或成果奖励方式，根据成果的资政价值予以经费补偿。

第三，适时调整组织结构，逐渐建立平台型、生态型的科研管理构架。一是对于与当前国家重点战略需求不适合、知识生产效率较低、封闭运行的科研机构和科研组织，应采取优胜劣汰的退出机制，及时做出调整。二是面向科研机构、企业等项目承担主体，坚持需求导向和问题导向，充分激发他们的研发动力和活力。例如，在关键核心技术攻关任务中，建立法人负责制，对科研机构、企业等攻关项目承担主体合理赋权，充分发挥法人主体的积极性与主动性，允许其自主探索更加有效的组织、管理和协调机制。探索项目专员聘用制，允许法人主体自主聘用职业经理人、首席科学家等，集中推进攻关项目的有序实施。又如，在解决基础研究薄弱问题方面，研究制定基础研究、应用基础研究和技术创新工程总方案，强化基础研究前瞻部署、多元投入。三是加强社会参与，采取平台化、生态化的组织机制，提高科研组织的灵活性、降低运营成本。充分发挥数字技术对组织管理的推动作用，实现由封闭、管制、分散的线性模式向开放、高效、整体性模式的转变。借助网络与各类资源建立开放式的动态链接，以此提高公共资助研发的生产率，提升原始创新能力。

（二）采取敏捷治理，快速响应数智时代研发流程的变化趋势

第一，完善基础制度，面向细分领域多采取敏捷治理方式。数字化转型是一个具有开放性和不确定性的过程，如何构思和制定治理目标很难十分清晰，未来需用运用敏捷治理的推进方式，尝试使用更具前瞻性和参与性的新方法来设计和执行政策。在应对伦理风险方面，加快相关法律法规的制定和执行，依靠科学界和企业界采取负责任的态度和行为开展创新，构建风险管理解决办法。与此同时，需要基于现实情况不断衡量和评估已有状态，以确保定期反馈到政策设计中，以小步快跑、高度灵活、频繁互动的方法，对细分领域出现的各种变化快速反应，按照优先级进行快速决策并执行，逐步建立国家创新体系的整体评价标准。

第二，构建覆盖科学、技术、创新一体化发展的全链条研发体系。从基础研究到市场化的全链条科技创新周期很长，需要"数十年磨一剑"。为了适应数智时代科学、技术、创新融通发展规律，缩短全链条创新周期，需要采取敏捷的治理方式。具体而言，需进一步深化科技计划、项目和经费管理改革，充分利用大数据、人工智能、区块链等新一代信息技术，优化项目、资金、人才、基地、设施统筹配置机制，形成优势互补的一体化研发模式。以科技创新联合体为载体，通过有效的产学研激励机制将大学、科研院所和企业之间的"任务型""项目型"合作转变为"常态化""交互式""内生型"长期合作，加速知识生产对经济社会的外溢性。

第三,搭建共性技术研发与共享平台,通过持续稳定投入培育企业等主体的创新能力。国家进行统筹谋划,以共性技术研发平台布局为支撑,强化不同属性、规模、行业的企业参与承建共用平台,建设新型科技基础设施,并实现已有基础设施网络化共享和系统更新。依托平台对接国家科技创新战略布局,探索试行创新团队协同、优势企业主导、研发实体制等组织实施模式,推广企业技术难题竞标等研发众包模式,提高创新产出效率。针对新的应用场景培育新生态系统,特别要率先推动数字技术在公共部门的应用,通过为企业新技术提供应用场景,进一步拓展应用示范空间。

(三)夯实基础设施,实现科研组织管理资源与工具的共享互通

第一,加快建设国家创新体系数字平台。当前,针对数字化转型趋势,需要以国家重大工程方式组织推进国家创新体系数字平台建设。一方面,通过平台实现科技创新数据的汇聚和积累,先将中央财政资助科技创新活动所产生的科技创新数据互联互通、融合应用,再逐步纳入地方财政、社会、企业等资助进行的科技创新活动所产生的可开放共享的数据,提升科技创新资源的利用效率。另一方面,按照循序渐进、不断迭代的思路,推进数据分析方法与工具体系的搭建。先搭建基础的数据分析方法与工具体系,初步实现国家创新体系数字平台各项功能,再不断迭代和完善,最终实现国家创新体系数字平台的智能化。在平台建设过程中,要充分发挥中国特色社会主义制度集中力量办大事的制度优势,按照国家重大工程的定位,加强顶层设计,强化统筹协调,有效处理各部门利益关系,充分调动相关资源。

第二,促进国家重大科研基础设施和大型科研仪器(以下简称"科研基础设施和仪器")数字化。科研基础设施和仪器的数字化已经成为提升科研组织管理水平的重要手段。要充分适应数字化转型趋势,建立并完善促进科研基础设施和仪器数字化的政策及规章制度,鼓励各部门、各单位积极探索建设科研基础设施和仪器开放共享在线服务平台。建设高速、稳定的网络环境,为科研基础设施和仪器共享提供可靠的网络连接,以支持数据传输、远程访问和在线实验等功能。开发或引入科研基础设施和仪器使用管理系统,包括设备预约管理、资源共享、数据管理等功能,实现科研基础设施和仪器

的合理调配及有效利用。定期评估科研基础设施和仪器数字化的效果与用户反馈,根据社会需求不断进行系统升级和改进。此外,还要加强实验技术和数字化人才队伍建设,充分保证系统的有效运行和效率提升。

第三,通过联合现有网络、超级计算机、科学数据、软件算法、重要科研装置等资源,打造一体化的信息化基础设施,实现资源与工具的互通共享。基础设施是科学研究的底座和基石,加快构建新一代高速、安全、泛在的信息基础设施是满足数字化转型趋势下科研发展的必要条件。一方面,要持续推动科研网络的演进升级,以基础性、社会公益性为主要发展方向,建立国家稳定支持和多途径投入相结合的机制,采用先进的网络技术搭建高速科研网络,并根据实际需求不断实现迭代升级。另一方面,要加强数据获取、存储与处理等计算机软、硬件设施建设,为数字化转型时代科研共性技术发展提供先进的服务支撑。同时,注重科研领域的合作与交流,实现与国际先进信息基础设施的互联互通,形成开放、共赢的可持续发展模式。

(四)规范数据管理,兼顾公共数据资源的开放共享与安全保密

第一,完善数据管理制度,加强政府数据开放与保护的法规制度建设。一是依法确定数据安全等级和开放条件,对可开放的数据类别、数据开放的技术标准和数据口径等做出合理规定,根据信息的涉密程度对不同的使用对象赋予不同权限。二是从数据保护和共享的平衡出发,完善政府数据管理的法规体系。采用"负面清单"形式明确不予以公开的公共数据范围,完善细化政府数据开放规则。三是在科研项目管理方面,细化管理流程各环节的具体执行办法。例如,明确项目承担主体需按期通过科研项目管理平台提交的数据种类、格式及相应规范。项目承担主体不仅应提交进展汇报等总结性文字材料,还应提交具体的实验方案、实验结果、分析代码等项目研究过程数据。

第二,探索分级分类管理模式,推动公共科学数据资源的开放共享和安全可控。公共科学数据开放共享是建立数据驱动科研管理的基本保障,应当遵循"开放为常态、不开放为例外"的基本原则,按照科学数据共享权责一致的理念,"谁拥有、谁负责""谁开放、谁受益",明确法人单位对科学数据

进行分级分类管理，按要求公布数据开放目录，通过在线下载、离线共享或定制服务等方式向社会开放共享。此外，科学数据的管理必须要以安全可控为前提，加强关键数据基础设施安全保护，建立健全科学数据安全体系和数据全生命周期管理规范，增强数据安全预警和溯源能力。同时，按照国家有关法律法规要求，依法确定科学数据安全等级及开放条件，建立和完善科学数据共享和对外交流的安全审查机制。

第三，提升数据资源价值，处理好数据管理中公益性与市场化的关系。建立数据驱动科研管理的基础保障，需要包括官、产、学、研、商等多方利益相关者的充分参与。一是要建立健康、有序的科学数据资源市场运行基本准则。探索用于规范科学数据资源市场活动（如交易定价、交易行为）的准则，建立符合科学数据特点的数据使用权而非所有权的交易机制，建立包括数据生产服务机构内部控制、政府监管、社会监督在内的科学数据资源市场化运行的监督体系。二是对科学数据权利进行确权和有效保护。通过数据标识、数据出版等配套措施，明确数据生产者、管理者、服务者等各方在数据工作中的贡献。鼓励科研人员对科学数据进行分析挖掘，形成有价值、可推广的科学数据产品，在依法加强安全保障和隐私保护的前提下，提升科学数据作为一类数据要素的乘数作用。三是在确保科学数据公益服务的同时完善市场化增值收费机制。对政府决策、公共安全、国防建设、环境保护等涉及国家和公共利益需要的科学数据，法人单位无偿提供；对确实需要收费的科学数据，按照规定程序和非营利原则制定合理的收费标准，向社会公布并接受监督。

（五）推动协同合作，形成国内国际双循环相互促进的新发展格局

第一，支持企业不断创新研发组织模式进而做优做强，形成协同共生的命运共同体。在数字化转型背景下，支持企业进行研发组织模式转变，培育大量"强而优"的企业，并鼓励国内形成企业命运共同体。然而，中国企业在"压缩式"的发展进程中，经历过竞争的泥潭而无法自拔，同行竞争的思维模式制约着企业界形成一致对外的合力。因此，要注重发挥政府在企业竞争前研发合作的引导作用，改变目前国家科技计划项目安排方式，按照激励

相融原则，引导企业实现分享和共生，形成集合智慧与资源的重要逻辑，在共性关键技术上进行研发合作、协同攻关。例如，可由政府搭建平台，促成由龙头企业牵头，中小企业、高校、科研院所、社会组织等共同参与的创新联合体，实现大中小企业创新链和价值链的有机融合。

第二，制定并全面推动开放科学战略的实施。我国应将开放科学上升至战略层面，通过纲领性政策制定和重点项目部署，有计划有步骤地推动开放科学的全面实施。具体而言，一是要推进开放科学环境下的学术交流和公众对科学研究的参与，开发更为合理、适用的学术评价体系和奖励机制。二是建设职责分明的治理体系，有序推进和及时协调各类开放科学行动与实践。三是重视人才培养，大力提升科研人员开放意识和合作技能。

第三，构建层次和类型更为丰富的国际科研合作网络。在数智时代，国际科研合作成为大势所趋，新冠肺炎疫情也提醒我们，全人类彼此之间有着千丝万缕的联系，未来需要更加主动融入全球科技创新网络，在开放合作中不断提升科研能力。一是要改变对效率边界的认识，从追求"所有权"到注重"使用权"，改变国际人才使用观念，从追求"为我所有"到注重"为我所用"。二是要充分发挥网络组织特征，运用"公众科学"、虚拟团队等新型合作方式，在全球范围内吸收科学家和工程师的智慧。三是"就地"建设研发中心，发挥地方资源和地方知识优势；构建虚拟科研平台，突破科研组织边界，提高科技资源利用率。通过上述机制与方式的拓展，进一步丰富国际合作网络，在开放包容、互惠共享的理念下，为推动联合国可持续发展目标的落实，不断贡献中国力量。

二、结论和展望

（一）研究结论

本书综合数字化转型和科研组织模式的相关理论研究、结合马尔泰克定律所揭示的规律，联系各国实践经验和我国发展现状，从组织规模、数据资源、研发流程、协同网络4个方面系统阐释了数字化转型对科研组织模式的

科研组织管理数字化转型研究

影响,并提出相关的政策建议,对拓展科研组织模式的理论探究及丰富符合时代发展要求的科研组织模式实践具有一定的意义。主要得出以下结论。

第一,在组织规模方面,立足国家急迫和长远需求的重大问题、个人兴趣导向的自由探索性问题,数字化推动集中研发和分散分布式研发并行发展,需要发挥好政府的组织协调作用并制定包容普惠的创新政策。一方面,面对综合性和复杂性的科学研究问题,要取得重大突破更依赖于集中的平台研发。各个领域的重大科学活动,越来越依靠重大科技基础设施的支撑,大型集中研发平台将为大规模研发活动的组织和协调提供支持。另一方面,面向非热点领域的自由探索问题,分散分布式的科研活动更为普遍。数字化让越来越多的社会参与者能够以极其方便快捷的方式收集、整理和共享信息和知识,未来类似"公众科学"等以自然人甚至是混合劳动力为主要单元的、更加灵活多样的组织形式将更为普遍。这就需要政府资助和培养各种规模的团队,将任务导向和兴趣导向的科学研究联结起来,推动各方力量协同创新。

第二,在科研管理方面,数字化在辅助决策、组织架构、流程重塑、数据开放共享等方面开始推动政府科研管理的转型,需要系统设计、全面布局以跟上转型步伐。一是以数据驱动为主要特征的数字化手段促使决策方式从"经验主义"到"数据主义"转变,充分发挥数据在宏观统筹协调方面的辅助决策功能;二是数字化转型有助于推动科研管理组织架构向平台化和扁平化方向转变,打破部门之间、层级之间的信息屏障;三是数字化推动科研管理由"以政府为中心"向"以用户为中心"的服务理念转变,实现科研人员需求和资源之间的高效对接;四是数字化技术有助于提升科研项目管理平台的信息化水平,加强科技资源的汇聚和统筹协同。政府需要加强整体谋划,制定适应科研管理数字化要求的制度体系,循序推进组织管理架构转型,进一步推动已有管理平台的互联互通,确保科研管理全过程的开放透明与交流合作。

第三,在数据资源方面,数据既是创新活动的核心投入要素,也是提高资源配置效率的重要工具,需要进一步推动数据资源的持续积累和开放共享。"数据密集型科学"范式(科学研究第四范式)认为数据是解决复杂科学

第十一章 政策建议与结论展望

问题的关键要素,数据收集、加工和共治共享所产生的价值前所未有。获得更多科学数据意味着研究者可以取得新的科学突破,减少重复研究,使得研究成果的可检验性加强。这就需要科学界与广大社会之间高度信任,建立促进数据利用和再用的制度,加强数据汇交与奖励等政策措施鼓励研究人员分享数据。与此同时,数字化技术推动形成了更加高效、相对公平的资源配置机制,加速数据等资源的优化组合和自由流动。公共部门数据库(包括监测数据、试验数据、技术成果、技术交易数据)的构建和使用,能够增强离散数据的集成与可用性,从而为智能决策和科研增值服务提供保障,进而增强整个国家的数字化资源配置能力。

第四,在研发流程方面,数字技术促使研发周期大幅缩短,组织管理模式呈现出一体化、弹性化、平台化、协同化特征,需要因地制宜地为不同类型企业创造转型条件。大数据带来的管理、检测等流程的优化将大大缩短研发周期。随着新型研发工具的大规模使用,研发过程将在时间和空间上交叉、重组和优化,逐渐从串行向并行演进。企业等市场主体根据数智时代研发流程转变工作方式,推动研发组织模式变革,呈现出"创业式创新"一体化模式、"平战结合"弹性化模式、"跨界融合"平台化模式、"共生发展"协同化模式,这些模式推动企业研发超越时间和空间限制,有效整合跨区域、跨企业、跨行业的研发资源,帮助企业在短时间内实现指数级增长。这就需要政府应因地制宜,主动采取措施为不同类型的企业推进研发组织模式转型创造有利条件,进一步强化企业技术创新主体地位。

第五,在协同网络方面,原有科学边界日趋融合,万物互联推动研发向开放合作发展,需要构建协同共生、开放融合的研发组织体系。数字化转型将特定用途的不同技术整合至同一系统中,打破了传统学科领域和创新链各个环节的边界,形成了灵活的自组织与他组织,这意味着研发活动协作程度将得到前所未有的提高。一方面,科学领域内的"界线"未来岌岌可危,数字技术使得未来最具增值效应的创新产生于学科交叉领域。学科融合和组合式创新,促使不同学科专业、不同知识技能的科研人员群体开展更加活跃的协作,未来属于跨界者和有技能的协作者。另一方面,互联网、物联网的"全球链接"功能促使科技资源的流动性和可用性不断提升,科研分工更加专业和深入，传统的刚性组织模式开始向液态模式迈进。这就需要政府发挥引导作用，推动各类研发主体在国内和国际开展协同合作，以开放融合的态度实现分享和共生，形成集合智慧与资源的重要逻辑。

（二）研究展望

尽管书中对数字化转型与科研组织模式做出了一些有益探索，但由于认识和能力所限，难免存在一些局限性，主要体现在以下几个方面。

①数字化转型对科研组织模式的影响研究是一个较新的研究领域，迄今还没有直接可供借鉴的参考资料和研究路径，这为研究带来了不小的挑战。作者只是在已有的认识基础上提供了一种分析框架与视角，还存在不完善之处，也许不同学者会有不同的认知和判断，但这并不妨碍我们在此领域的不断探究与无限接近现实环境。

②所有研究资料来源仅依靠相关机构工作人员访谈、查阅文献资料及专家座谈咨询。访谈内容可能不够深入，访谈对象的选取并非随机抽样，目的性抽样难以避免的带有主观倾向，研究资料的完备性可能受到影响。

③在研究方法上以定性研究为主，定量研究涉及甚少。这与作者以往的研究偏好有一定关系，定量研究的缺乏可能对整体研究的精确性和全面性产生一定影响，进而对可靠性产生怀疑。

未来在此领域的探究中，在研究方法上，可以在定性研究基础上辅以定量研究，增强理论阐释的严密性和可信性；在研究内容上，可以进一步丰富和发展数字化转型对不同国家、不同地区、不同领域、不同主体的科研组织模式的影响研究，可分类讨论组织边界、规制手段、理论工具等内容。